FUNDAMENTOS DE QUÍMICA

Física Quântica e Eletromagnetismo

2022

FUNDAMENTOS DE QUÍMICA

Física Quântica e Eletromagnetismo

JORGE ZABADAL
EDERSON STAUDT
VINICIUS G. RIBEIRO
EDSON ABEL DOS SANTOS CHIARAMONTE

Freitas Bastos Editora

Editor: Isaac D. Abulafia
Diagramação e Capa: Madalena Araújo

Dados Internacionais de Catalogação na Publicação (CIP)
de acordo com ISBD

F981 Fundamentos de Química: Física Quântica e Eletromagnetismo / Ederson Staudt...[et al.]. - Rio de Janeiro : Freitas Bastos, 2022.

226 p. ; 15,5cm x 23cm.

ISBN: 978-65-5675-228-0

1. Química. 2. Física Quântica. 3. Eletromagnetismo. I. Staudt, Ederson. II. Chiaramonte, Edson Abel dos Santos. III. Zabadal, Jorge. IV. Ribeiro, Vinicius G. V. Título.

CDD 540
2022-3361 CDU 54

Elaborado por Odilio Hilario Moreira Junior - CRB-8/9949

Índice para catálogo sistemático:
1. Química 540
2. Química 54

Freitas Bastos Editora
atendimento@freitasbastos.com
www.freitasbastos.com

SUMÁRIO

LISTA DE FIGURAS

PREFÁCIO

DOS MODELOS ATÔMICOS À SIMULAÇÃO MOLECULAR

Este texto foi elaborado inicialmente como material de apoio para que os estudantes da disciplina Fundamentos de Química (DIL01109 – UFRGS/CLN) pudessem recuperar o período letivo 2020/1 em caráter emergencial de forma objetiva, mas sem perda de generalidade ou potencial de aplicação. Para tanto, o conteúdo desse material de apoio foi concebido em torno de uma linha principal de raciocínio, baseada essencialmente em analogias entre modelos atômicos e cenários físicos familiares. Mais tarde, essa linha de exposição evoluiu para conceitos mais rigorosos e progressivamente mais realistas, relacionados com processos reativos, interação radiação-matéria e mudanças de fase. Esses conceitos estão associados a mecanismos e produtos de reação, suprindo algumas lacunas lógicas apresentadas pelos textos clássicos em geral:

i. A carência de conteúdo aprofundado sobre a dinâmica do processo de rearranjo das nuvens eletrônicas;

ii. A abordagem relativamente superficial dedicada aos principais modelos quânticos;

iii. A ausência de tópicos fundamentais em teoria eletromagnética; e

iv. A ausência de estudos sobre o potencial de calibre, que determina a temperatura do meio, assim como qualquer radiação envoltória que interage com as moléculas presentes no sistema reativo.

A fim de preencher essas lacunas, proporcionando ao estudante uma visão mais clara e unificada dos processos químicos e de suas aplicações tecnológicas, o texto foi dividido em três partes. A primeira considera aspectos qualitativos, sendo dedicada ao ensino de graduação. Essa parte do trabalho apresenta o tema de forma essencialmente intuitiva e conceitual, fornecendo noções básicas de Química clássica de forma bastante acessível. Além disso, o texto incorpora um pequeno glossário contendo termos consagrados em Química. Esses termos, que figuram em negrito ao longo do texto, são introduzidos de forma natural à medida que se tornam necessários para tornar o conteúdo progressivamente mais sucinto e objetivo.

A segunda parte, dedicada ao ensino de pós-graduação, considera o emprego de Equações Diferenciais, descrevendo a Química de forma mais rigorosa, como resultado do acoplamento entre os modelos quânticos e o eletromagnetismo. Nessa etapa, as analogias se tornam relativamente intrincadas, incluindo elementos de análise vetorial e noções preliminares de geometria diferencial. Esses elementos são cruciais para a compreensão das teorias de campo, nas quais o conceito de partícula sofre uma reformulação radical. Esta reformulação é efetuada através de uma transição gradual entre o conceito mecanicista de movimento e as primeiras noções de Teoria de Campos. Essa transição preserva, na medida do possível, a clareza de exposição adotada na primeira parte do texto, mas requer pré-requisitos mais profundos. Para tanto, são introduzidas noções básicas de Fenômenos de Transporte, que facilitam significativamente a assimilação dos novos elementos apresentados.

A terceira parte, que trata de tópicos avançados, é dedicada a aspectos controversos da Física Quântica e da Teoria Eletromagnética. Nesta parte do texto, a introdução de conceitos adicionais em Equações Diferenciais e Fenômenos de Transporte remete a analogias consideravelmente mais elaboradas com fenômenos típicos do quotidiano. Essas analogias proporcionam uma visão ainda mais clara, concreta e realista dos eventos em microescala. Os capítulos finais (11 e 12), que tratam de tópicos especiais em modelagem matemática, visam capacitar o estudante a elaborar pequenos sistemas de simulação, que podem ser utilizados na elaboração de dissertações de Mestrado, teses de Doutorado ou estudos mais avançados.

PARTE 1
MODELOS ATÔMICOS: ASPECTOS QUALITATIVOS

CAPÍTULO 1:

BLINDAGEM DA CARGA NUCLEAR

Este capítulo visa introduzir uma rápida transição entre o modelo planetário do átomo, com o qual o estudante de graduação já se encontra relativamente familiarizado, e a concepção ondulatória de Schrödinger. Nessa concepção, a distribuição eletrônica corresponde a um campo difuso, chamado **nuvem eletrônica** ou **eletrosfera** dos átomos.

1.1 Do modelo planetário à concepção de Schrödinger

O modelo atômico de Rutherford-Bohr, no qual os elétrons são considerados partículas infinitesimais que orbitam em torno do núcleo do átomo, apresenta uma falha conceitual, do ponto de vista das reações químicas. Essa falha será discutida de forma breve nesta seção.

1.1.1 Problemas conceituais do modelo atômico tradicional

Se uma ligação é formada apenas pelo emparelhamento de elétrons cujos spins são opostos, o par de elétrons resultante estaria localizado entre os núcleos dos átomos envolvidos. Como consequência imediata, esse par de elétrons ocuparia uma pequena região entre esses núcleos, caracterizando uma **ligação sigma** na abordagem da Química clássica. Essa descrição dá origem a uma questão de natureza mecanicista, que diz respeito à dinâmica que rege a evolução dessa ligação. Seria bastante difícil inferir se o par apenas permanece estático e executa um movimento vorticial semelhante ao de uma calandra, ou se também orbita em uma região relativamente ampla em torno dos núcleos participantes da ligação. Em ambos os casos haveria um sério problema conceitual a resolver. Levando em consideração a proporção entre o alcance das forças nucleares fortes e eletromagnéticas, um átomo típico seria comparável, em escala, a um estádio de futebol, no qual uma esfera menor do que um grão de arroz representaria o núcleo central, enquanto a respectiva eletrosfera alcançaria as arquibancadas. Esse fator da ordem de 10^5 entre os raios aproximados do núcleo e da eletrosfera torna muito difícil justificar a existência de sítios específicos de reação, como os que se verificam junto aos chamados **cátions carbônio**. Como exemplo, na acetona, o átomo de Carbono da carbonila tem parte de sua eletrosfera deslocada em direção ao Oxigênio. Dessa forma, o lado oposto do Carbono tem a carga positiva de seus prótons pouco blindada pela nuvem eletrônica, o que justifica seu caráter catiônico (positivo). Essa anisotropia da nuvem eletrônica define ângulos sólidos nos quais as cargas positivas dos núcleos estão envolvidas por eletrosferas esparsas. Assim, os setores angulares onde o núcleo é exposto podem atrair a nuvem eletrônica de elementos vizinhos, provocando ataques nucleofílicos por parte desses átomos. Esse fenômeno dificilmente poderia ser elucidado com base em um modelo orbital do átomo. Por essa razão o restante do texto é dedicado aos modelos não-mecanicistas de Schrödinger, Dirac e Lanczos, nos quais a eletrosfera é considerada um campo difuso, formado por elétrons e fótons.

1.1.1.1 Descrição preliminar do átomo de Schrödinger

Em uma analogia inicial ao modelo de Schrödinger, pode-se comparar os átomos mais **eletronegativos**, como Flúor, Oxigênio e Cloro, com planetas pouco nublados, enquanto os elementos mais **eletropositivos**, tais como o Sódio, o Potássio e o Cálcio, se comportam basicamente como planetas semelhantes que possuem maior volume de nuvens. Considere-se agora que as nuvens representam a eletrosfera dos átomos, que possuem carga negativa, enquanto os próprios planetas fazem o papel dos núcleos, cuja carga é positiva. Desse modo, nos átomos que contém maior volume de nuvem, as cargas positivas dos núcleos sofrem maior blindagem por parte da eletrosfera. De forma análoga, os átomos que possuem menor volume de nuvem eletrônica apresentam blindagem menos eficiente.

As regiões do núcleo que possuem cobertura eletrônica deficiente podem atrair uma parte da nuvem dos átomos vizinhos, desde que essa parte esteja relativamente distante dos seus átomos de origem. São formadas assim as **ligações químicas**, constituídas por porções de nuvens compartilhadas entre átomos adjacentes. Ao serem formadas as ligações, as porções compartilhadas provocam um deslocamento parcial do restante das nuvens. À medida que as nuvens se deslocam, formam regiões cujas capacidades de bloquear as cargas dos núcleos diferem consideravelmente. Assim, zonas nas quais a capacidade de bloqueio das cargas positivas, também chamada **blindagem da carga nuclear**, se encontra momentaneamente deficiente, atraem maior quantidade de nuvens, realimentando ciclicamente um processo dinâmico chamado **rearranjo da nuvem eletrônica**. Esse processo é caracterizado pela alternância de regiões de alta e baixa **densidade** de nuvens, que determina a eficiência local da blindagem. Tal alternância gera, ao longo do tempo, diferentes configurações espaciais de nuvens, algumas delas, caracterizando eventualmente as chamadas **estruturas canônicas** ou **estruturas de ressonância**.

O cenário físico descrito contém uma série de elementos cruciais para a compreensão das interações entre átomos considerados eletropositivos, ou **doadores de elétrons**, e átomos ditos eletronegativos, também chamados **aceptores de elétrons**. Os doadores estão presentes nas colunas localizadas mais à esquerda dos elementos químicos da Tabela Periódica, enquanto os aceptores se localizam mais à direita. Os elementos se comportam de acordo com o caráter dos átomos que o cercam em uma determinada estrutura molecular, chamados **ligantes**. Caso um elemento tipicamente doador esteja cercado por aceptores de elétrons, sua eletrosfera será atraída por seus ligantes, deixando o núcleo mais exposto. Neste caso é formado um cátion. Caso um aceptor se encontre cercado de doadores, atrairá a eletrosfera dos vizinhos, blindando seu núcleo com excesso de carga negativa, e formando assim um ânion. Essas interações dependem também da incidência de radiação, que incorporam na nuvem eletrônica, alterando sua configuração espacial. Esse tema será introduzido na próxima seção.

1.2 Noções iniciais sobre a interação radiação-matéria

Uma vez esboçado o cenário de interesse, e compreendido o significado dos termos introduzidos em negrito ao longo da descrição preliminar, torna-se possível iniciar a reinterpretação de alguns fenômenos em microescala. Essa nova abordagem conduz diretamente à concepção qualitativa de Schrödinger para a eletrosfera dos elementos químicos, assim como a uma nova intuição sobre a natureza de suas respectivas interações.

Do ponto de vista do modelo atômico de Schrödinger e da Teoria Eletromagnética, a nuvem eletrônica descrita na seção anterior representa um campo eletromagnético difuso que envolve os núcleos dos átomos. Esse campo envoltório fornece uma blindagem localmente variável para cada núcleo presente na estrutura molecular, que sofre alterações ao longo do tempo. Como já mencionado, quando um determinado núcleo se encontra blindado de forma deficiente, pode exercer atração pela nuvem eletrônica de um átomo vizinho, formando uma nova ligação. Esse processo é denominado ataque **nucleofílico**, pois se considera que a nuvem migra em direção ao núcleo exposto.

Naturalmente, existe uma ambiguidade nessa definição. O ataque é considerado nucleofílico do ponto de vista do átomo vizinho, com blindagem mais eficiente. Do ponto de vista do átomo cuja blindagem é deficiente, o ataque deve ser considerado **eletrofílico**. Assim, a escolha do termo a empregar depende essencialmente de qual átomo efetua o ataque ou é atacado.

Embora essa classificação seja arbitrária, constitui uma convenção adotada com frequência no meio acadêmico. Segundo essa convenção, considera-se que grupo de átomos menos massivo seja classificado como agente, ou atacante, enquanto o mais massivo é classificado como substrato. Essa convenção é baseada na premissa de que o grupo menos massivo apresenta maior mobilidade, possuindo a capacidade se deslocar em direção ao substrato, e podendo assim ser considerado o responsável pelo ataque.

Essa classificação arbitrária denuncia um apego ao mecanicismo, que dificulta consideravelmente a compreensão de fenômenos em microescala. Independente da forma pela qual ocorre o deslocamento relativo entre as moléculas de um meio reativo, o fato que realmente caracteriza a formação e a ruptura de ligações químicas é um processo denominado rearranjo da nuvem eletrônica. A partir deste ponto as moléculas participantes do meio reativo serão denominadas **reatantes**, para evitar o emprego dos temos atacante e substrato, que perdem o sentido nesse contexto.

Embora o rearranjo da nuvem eletrônica possa parecer um tema excessivamente complexo na abordagem clássica da Química Orgânica, é possível compreendê-lo de forma relativamente simples e intuitiva, a partir da unificação de dois fenômenos aparentemente independentes: a interação entre a radiação e a matéria e o rearranjo da nuvem eletrônica em processos reativos.

1.3 O rearranjo da nuvem eletrônica e a interação radiação-matéria – uma noção preliminar

O rearranjo na nuvem eletrônica é provocado tanto pela incidência de radiação sobre átomos e moléculas quanto pela aproximação entre eletrosferas de diferentes compostos. Em ambos os casos ocorre um processo no qual a densidade eletrônica varia, enquanto acontece simultaneamente absorção ou emissão de radiação. Esse processo, que se encontra na interface entre o eletromagnetismo e a física nuclear, constitui o posto-chave para a compreensão de todos os mecanismos de reação.

A figura 1 mostra um conjunto de átomos idênticos em um arranjo regular típico de retículos metálicos a baixas temperaturas (em torno de 10°C). Neste caso, os núcleos de cada átomo não são suficientemente blindados pela própria eletrosfera e, portanto, atraem fortemente as nuvens eletrônicas de seus vizinhos mais próximos. Essas nuvens altamente compartilhadas na região adjacente aos átomos caracterizam um estado no qual existem ligações mais fortes entre os átomos que compõem o retículo cristalino.

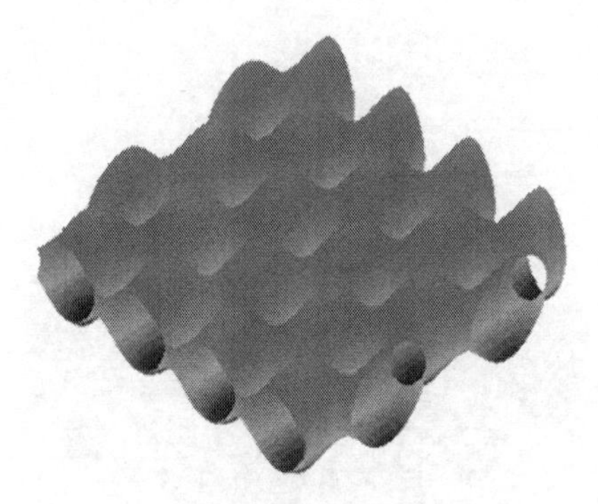

Figura 1: Temperaturas baixas – ligações mais fortes

A figura 2 mostra o mesmo retículo depois de receber radiação suficiente para enfraquecer as ligações existentes, até atingir o respectivo ponto de fusão (em torno de 1.500ºC). Ao incorporar na eletrosfera, a radiação promove uma blindagem mais eficiente sobre os núcleos, que passam a atrair as nuvens eletrônicas dos átomos vizinhos com menor intensidade. Nesse sistema, as ligações se tornam mais fracas, caracterizando a passagem do estado sólido para o líquido. Já no estado gasoso (figura 3), a cerca de 3.000ºC, a radiação incorporada a nuvem promove uma blindagem tão eficiente que os núcleos passam a atrair apenas a própria eletrosfera. Nesse estado, as ligações sofrem ruptura, tornado os átomos praticamente independentes das nuvens eletrônicas de seus vizinhos.

Em resumo, a incidência de radiação sobre arranjos de átomos provoca o enfraquecimento das ligações químicas, causando mudanças de fase. De forma análoga, a radiação pode também provocar reações químicas ao incidir sobre moléculas vizinhas, enfraquecendo ligações já existentes e assim possibilitando a formação de novas ligas. Este é o princípio fundamental que rege a dinâmica dos processos reativos.

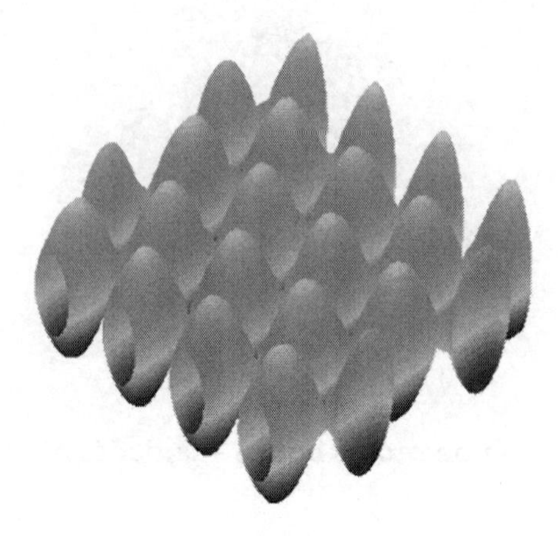

Figura 2: Temperaturas moderadas – ligações mais fracas

Figura 3: Temperaturas elevadas – rompimento das ligações

É importante observar que tanto a incidência de radiação sobre a nuvem eletrônica de uma molécula quanto a aproximação das nuvens de duas moléculas vizinhas constituem mecanismos análogos do ponto de vista da interação radiação-matéria. Isto ocorre porque a eletrosfera pode ser considerada uma forma de radiação emitida pelos núcleos dos átomos. Esse conceito é fundamental para a compreensão de um processo chamado **catálise**, que será descrito em maior detalhe nos próximos capítulos.

Em linhas gerais, o processo de catálise pode ser descrito a partir de um cenário bastante simples. Suponha-se que duas moléculas não interajam entre si, porque possuem ligações relativamente fortes entre seus átomos.

Ao receber radiação, algumas dessas ligações passam a enfraquecer mais do que outras, formando os chamados **sítios ativos**, isto é, locais nos quais pode ocorrer a ruptura dessas ligações previamente existentes.

A ruptura dessas ligas possibilita a formação de novas ligações com diferentes átomos, viabilizando o processo reativo. Neste caso, a radiação incidente é considerada o **catalisador** da reação, isto é, o componente responsável pela ocorrência do processo reativo.

Além da incidência de radiação sobre os compostos envolvidos, a catálise pode também ser provocada pela presença de outras moléculas, que participam temporariamente da reação. Essas moléculas se ligam provisoriamente a um dos reatantes, produzindo os chamados **complexos ativados**. Complexos ativados são compostos altamente instáveis, que possuem diversas ligações bastante enfraquecidas, e, portanto, vários sítios ativos nos quais pode ocorrer a recombinação de átomos. Essa recombinação consiste na formação de ligações com o segundo reatante, que até então não participava do processo.

CAPÍTULO 2

FUNDAMENTOS DE CATÁLISE

No tópico anterior, foi descrito um processo de mudança de fase provocado pela incidência de radiação sobre um arranjo de átomos. A absorção de radiação pela nuvem eletrônica de moléculas pode também provocar a ocorrência de reações químicas. Neste caso, o feixe de radiação incidente é chamado **catalisador**, isto é, o agente que deflagra o processo reativo.

O processo pode ser também promovido pela adição de moléculas específicas aos reatantes originais. Esses catalisadores químicos estão presentes em vários produtos disponíveis no mercado, tais como adesivos de secagem rápida, solventes e complexos vitamínicos.

2.1 A noção de catalisador

Para que um feixe de radiação incidente sobre os reatantes possa deflagrar uma reação química, é preciso que seu campo perturbe o sistema molecular de modo que enfraqueça ligações entre alguns dos átomos constituintes. Assim, novas ligações poderão ser formadas, gerando eventualmente os produtos desejados. De forma análoga, caso o catalisador seja constituído por um composto ao invés de um feixe de radiação, o campo correspondente à respectiva nuvem eletrônica deve exercer o mesmo efeito sobre os átomos presentes no meio. Para que isso ocorra, é necessário que haja interferência entre as eletrosferas de moléculas adjacentes e a radiação envoltória. Esse assunto será retomado em seções posteriores, nas quais o processo de interferência será elucidado em diferentes níveis de profundidade, à medida que se tornar necessário para detalhar a dinâmica subjacente ao rearranjo da nuvem eletrônica. Neste nível inicial de abordagem, é mais conveniente descrever o processo de catálise como uma sequência de eventos, que pode ser dividida em três grandes etapas:

- **i.** Atração entre as moléculas dos reatantes, provocada, em geral, por um átomo metálico, presente em um dos compostos;
- **ii.** Formação de um composto intermediário, chamado complexo ativado, que constitui um arranjo atômico instável;
- **iii.** Decomposição do complexo ativado, formando os produtos finais da reação.

Essas etapas podem ser compreendidas de forma relativamente simples ao introduzir duas grandezas fundamentais que descrevem a configuração da nuvem eletrônica dos átomos: a densidade eletrônica e o potencial de interação.

2.2 Densidade eletrônica e potencial de interação

Retornando ao processo de mudança de fase induzida pela incidência de radiação percebe-se que, na passagem do estado sólido para o líquido, as ligações entre os átomos se tornam mais fracas. De maneira análoga ao que ocorre nos processos de mudança de fase, esse enfraquecimento é caracterizado pela conexão mais tênue entre átomos adjacentes. Essa conexão tênue indica que a incidência de radiação causou uma redução na densidade da nuvem eletrônica entre átomos vizinhos. Isto ocorre porque, ao receber radiação, a eletrosfera de cada átomo passa a blindar os respectivos núcleos com maior eficiência. Os núcleos desses átomos passam então a atrair a nuvem eletrônica de seus vizinhos com menor intensidade, de modo que a densidade se torna menor nas respectivas interfaces.

Os elementos da tabela periódica possuem diferentes distribuições de densidade eletrônica. As nuvens dos elementos tipicamente doadores de elétrons, como os metais, possuem maior alcance, mas menor densidade local, como mostra a figura 4. Esses elementos (Li, Na, K, Mg, Ca etc.) estão localizados mais à esquerda na tabela periódica. Já as nuvens dos elementos aceptores de elétrons (figura 5), tais como os halogênios (F, Cl, Br, I), possuem menor alcance e são mais concentradas em torno do núcleo do átomo, que figura localizado na origem do sistema de coordenadas. Esses elementos se encontram mais à direita na tabela periódica. Os demais elementos possuem distribuições intermediárias de densidade.

A densidade eletrônica e o potencial de interação estão estreitamente relacionados. A fim de introduzir a noção de potencial, basta considerar que as regiões de maior densidade eletrônica (de carga negativa) corresponde a valores negativos elevados para o potencial. A figura 6 mostra o potencial correspondente à contribuição da nuvem eletrônica, sem levar em consideração a presença dos núcleos.

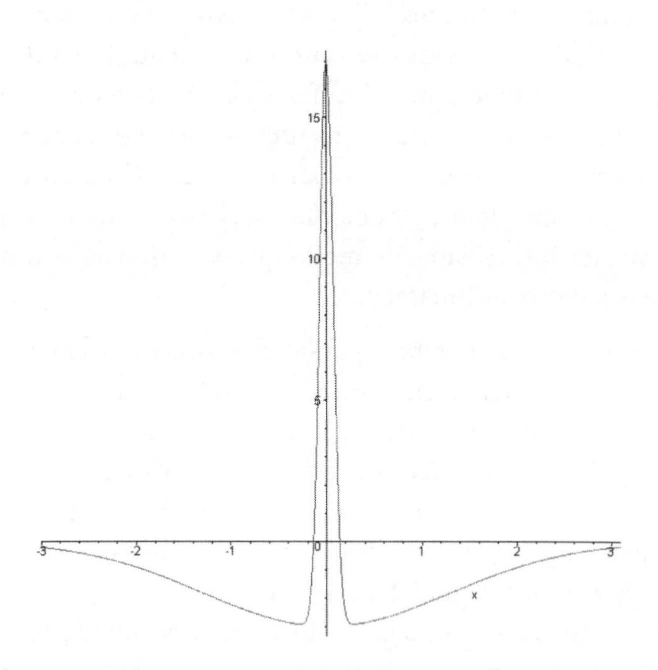

Figura 4: Potencial de interação para elementos eletropositivos

Note-se que, em todas as figuras, as curvas foram desenhadas intencionalmente abaixo do eixo horizontal, a fim de levar em consideração que a carga do elétron é negativa. Portanto, quanto maior o valor local da densidade eletrônica em torno do núcleo, maior a intensidade da carga negativa. Essa representação é chamada **potencial** de interação. O potencial é uma medida de quanto a nuvem eletrônica atrai as cargas positivas, isto é, os núcleos cuja blindagem é deficiente.

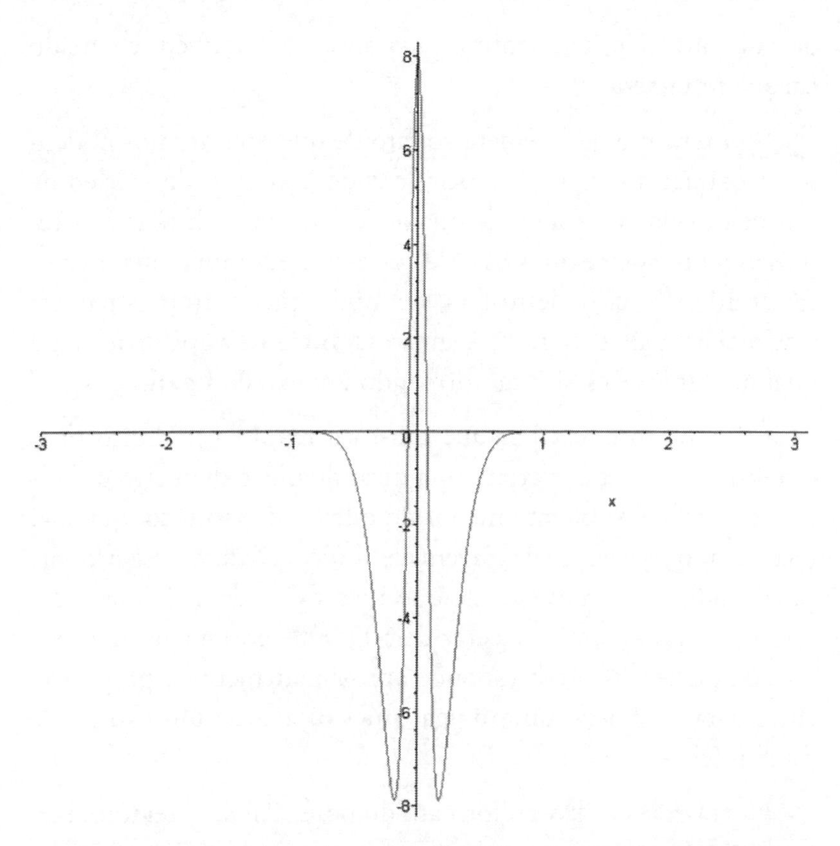

Figura 5: Potencial de interação para elementos eletronegativos

Neste ponto, o leitor poderia discordar dessa representação, observando que a densidade eletrônica pode realmente ser maior junto ao núcleo do que em pontos distantes, mas não pode atingir o valor máximo sobre o núcleo, onde predominam cargas positivas. De fato, uma representação mais completa para o potencial pode ser obtida da seguinte forma: adiciona-se ao poço negativo um pico positivo, que representa a contribuição do núcleo do átomo para o potencial de interação (centro da figura 4). A região na qual o potencial é negativo também recebe o nome de **poço atrativo**, enquanto o pico positivo é também chamado **caroço repulsivo**.

Essa terminologia remete ao fato de que dois átomos podem se aproximar até certa distância, devido à atração do núcleo de um deles pela eletrosfera de outro. Abaixo dessa distância, a repulsão mútua entre núcleos e eletrosferas predomina sobre as forças atrativas núcleo-eletrosfera, de modo que os átomos passam a se repelir. Existe, portanto, uma **distância de equilíbrio**, para qual o arranjo se estabiliza, formando um **estado ligado**.

É importante ressaltar que o caroço repulsivo é muito mais estreito do que o poço atrativo, indicando que o diâmetro do núcleo é consideravelmente menor do que o raio atômico, que está relacionado ao alcance da nuvem eletrônica. De fato, essa proporção é ainda mais acentuada do que a representada na figura 4. Na verdade, o raio atômico é cerca de 100.000 vezes maior do que o raio de núcleo. Isto corresponde aproximadamente à proporção entre o tamanho de uma pulga (núcleo) e o de um campo de futebol (eletrosfera).

Uma vez assimilado o formato do potencial de interação, torna-se possível compreender a primeira etapa do processo de catálise. O elemento metálico, presente em uma das moléculas dos reatantes, possui um poço atrativo de longo alcance, mas de baixa intensidade. Como consequência, esse átomo consegue atrair moléculas relativamente distantes, mas exercendo uma força de baixa intensidade. Quanto mais a molécula atraída se aproxima daquela que contém o metal, mais passa a sofrer atração por outros átomos vizinhos, que exercem maior força. Desse modo, a molécula que antes foi atraída pelo metal, passa a interagir com um átomo vizinho, podendo eventualmente formar uma ligação definitiva.

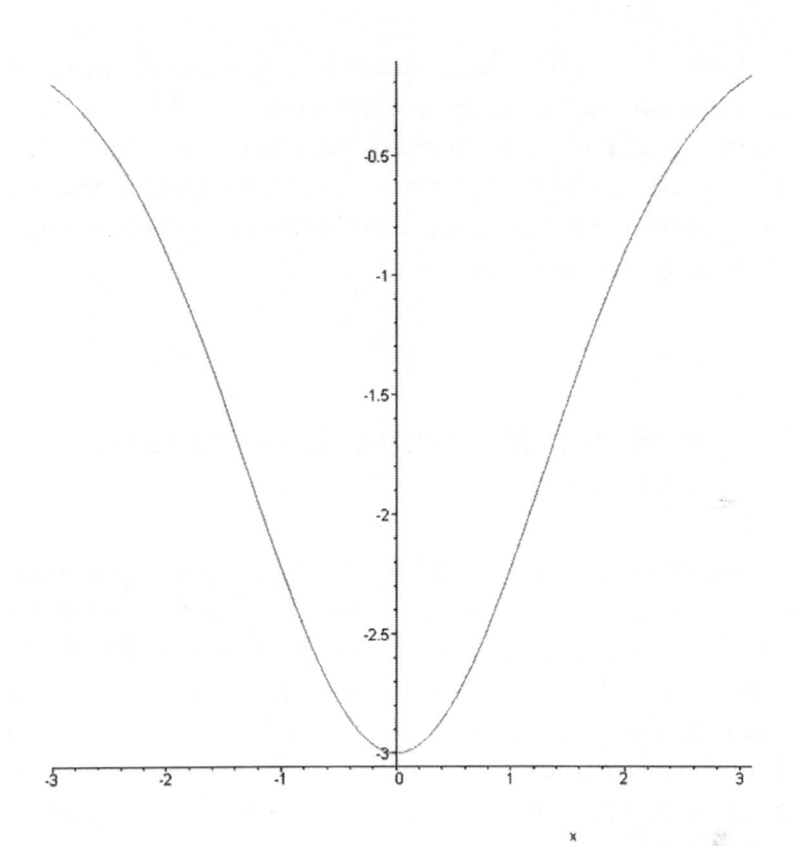

Figura 6: Contribuição da nuvem para o potencial (poço atrativo)

Naturalmente, considerando que na molécula a ser atraída existem vários átomos cujos potenciais de interação diferem consideravelmente, a cada intervalo de tempo os **sítios** preferenciais para ligação variam, conforme a distância entre diferentes átomos. Quanto mais próximas estiverem as moléculas, maior será a velocidade com a qual ocorrerá o rearranjo da nuvem, que vai definir a estrutura do complexo ativado e os respectivos produtos finais de reação.

A fim de compreender a natureza do processo de rearranjo, caracterizado pela interferência entre nuvens eletrônicas e radiação incidente, podem ser utilizados diversos recursos visuais. Entretanto, por uma questão de clareza e simplicidade, o processo será abordado, mais tarde, através da análise da evolução das funções que descrevem o potencial de interação.

2.3 Revisitando o rearranjo da nuvem eletrônica

No tópico anterior foi elucidada a primeira etapa do processo de catálise, na qual um elemento metálico presente em um dos reatantes atrai um determinado átomo de outra molécula. À medida que as moléculas se aproximam, ocorre a interferência entre suas eletrosferas e a radiação envoltória. A descrição detalhada dessa interação depende essencialmente do formato dos poços atrativos do potencial de interação, bem como da frequência da radiação incidente.

2.3.1 A formação de ligações iônicas e covalentes

A figura 7 mostra um elemento metálico (Li – Lítio), que se encontra a certa distância de um halogênio (F – Flúor). Essa distância é suficientemente pequena para que exista alguma interação residual entre o núcleo de um átomo e a eletrosfera do outro. Esse átomo de Flúor passa então a ser atraído pelo metal, de modo que suas nuvens eletrônicas começam a interferir e, portanto, seus potenciais de interação começam a se sobrepor (figura 8). Em seguida, ao alcançar uma distância menor, o poço de potencial do átomo de Lítio parece esvaziar, transferindo seu conteúdo para o poço atrativo do átomo de Flúor (figura 9). Isso ocorre porque o núcleo do átomo de Flúor possui blindagem menos eficiente do que o núcleo do Lítio. Assim, a carga positiva do núcleo do Flúor atrai de forma mais intensa a nuvem eletrônica do Lítio do que o núcleo do Lítio atrai a eletrosfera do Flúor.

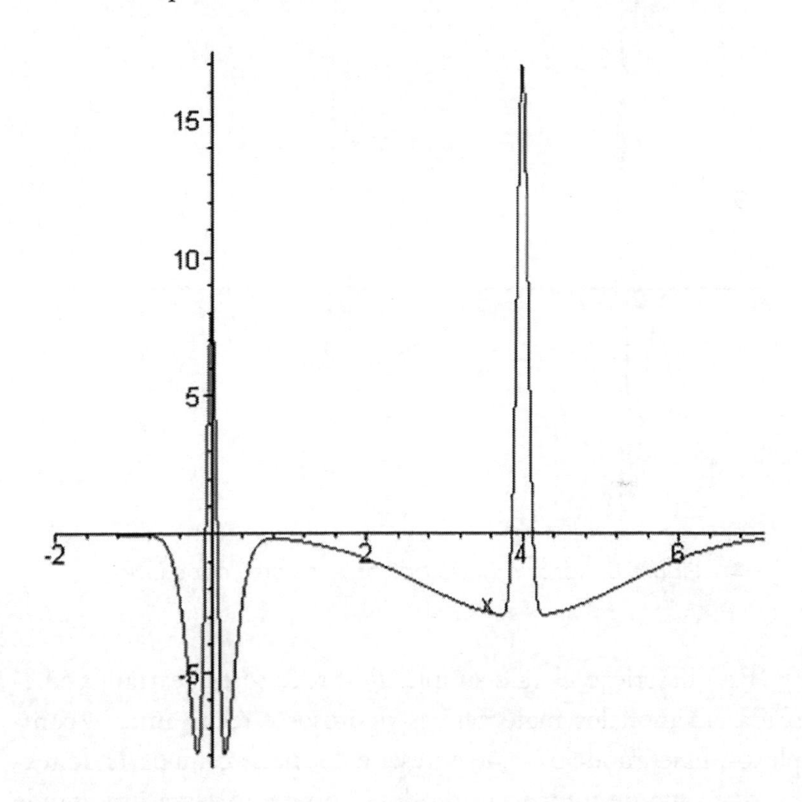

Figura 7: Potenciais de interação para o Flúor (esquerda) e o Lítio (direita)

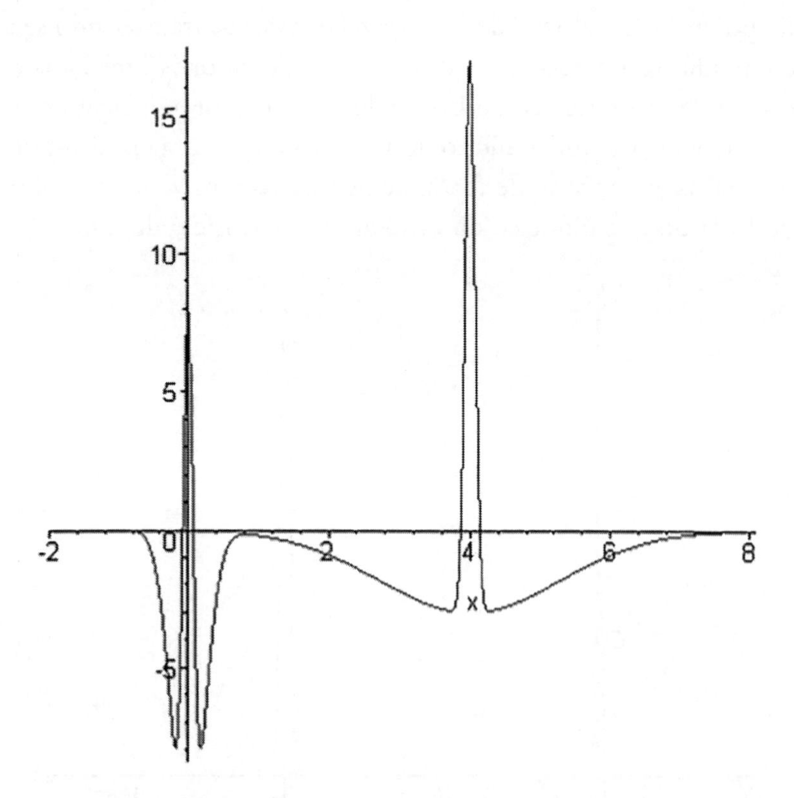

Figura 8: Aproximação dos átomos de Flúor e Lítio

Essa descrição clara e simples do processo de rearranjo é baseada em modelos matemáticos rigorosos e relativamente complexos. Esses modelos serão apresentados na terceira parte do texto, que trata de tópicos avançados. Entretanto, para um grande número de aplicações reais, é suficiente adotar a seguinte regra prática: assim que os poços atrativos se conectam, a inclinação local entre eles define o sentido da migração da nuvem eletrônica. Em outras palavras, ***o poço mais raso transfere parte de sua nuvem eletrônica para o poço mais profundo***. Além disso, a força com a qual é efetuada essa 'drenagem' é proporcional à inclinação na junção dos poços.

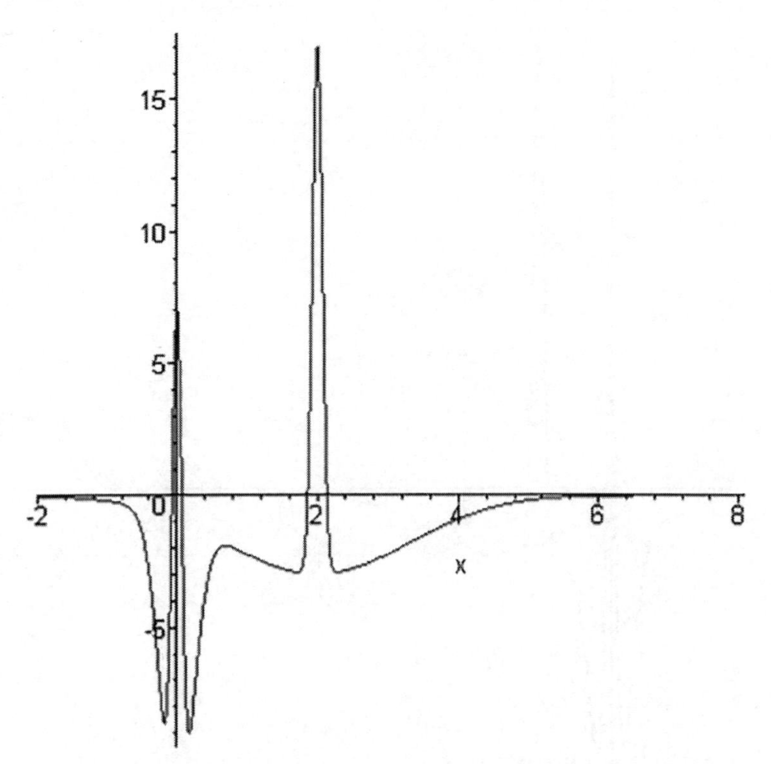

Figura 9: Transferência eletrônica do Lítio para o Flúor

Analisando agora a vista de topo da mesma sequência de figuras, observa-se claramente que, ao longo do processo de rearranjo, a eletrosfera do átomo de Flúor se torna mais volumosa, resultando em um poço atrativo mais profundo. Essa nova configuração de nuvem proporciona uma blindagem mais eficiente para seu respectivo núcleo (figura 10). Consequentemente, a configuração da nuvem eletrônica do Flúor se torna mais próxima da estrutura do Neônio, localizado à sua direita na tabela periódica. Já o átomo de Lítio, que perdeu parte de sua nuvem, adquiriu uma configuração mais próxima do gás nobre que se encontra na posição imediatamente anterior: o Hélio.

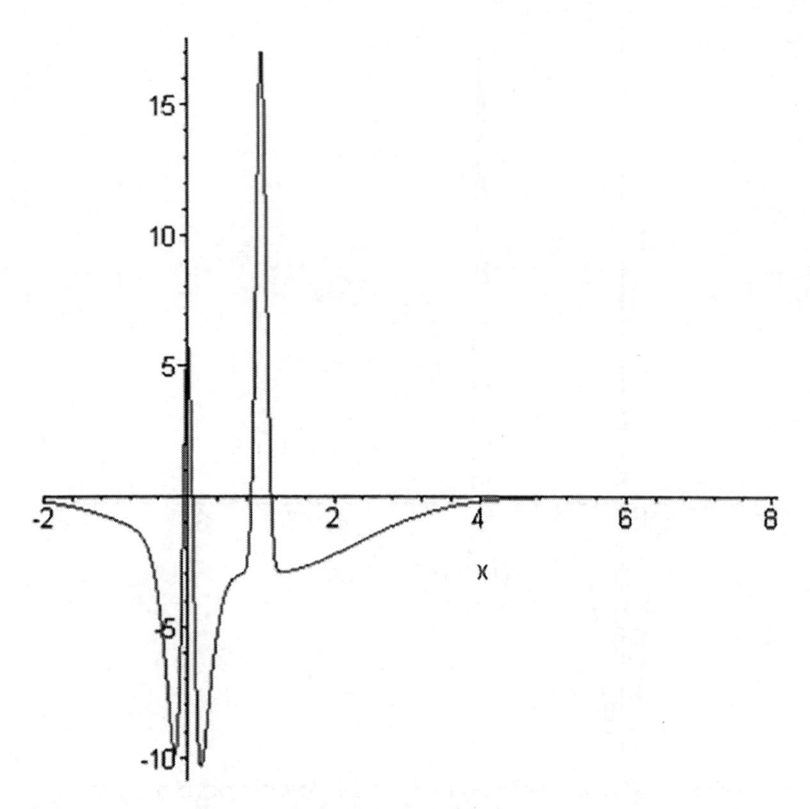

Figura 10: Estabilização da Ligação Li-F

O exemplo apresentado descreve a formação de uma ligação **iônica**. Esse tipo de ligação é caracterizado pelo alto grau de assimetria da nuvem, que neste caso específico se concentra em torno do átomo de Flúor. Quando a inclinação da função potencial na junção entre os poços é menor, a configuração final da molécula resulta mais simétrica, como mostrado na figura 11, que exibe o resultado final da interação dos dois átomos de Flúor. Neste exemplo, a nuvem não resulta deslocada para nenhum dos átomos, caracterizando uma ligação **covalente**.

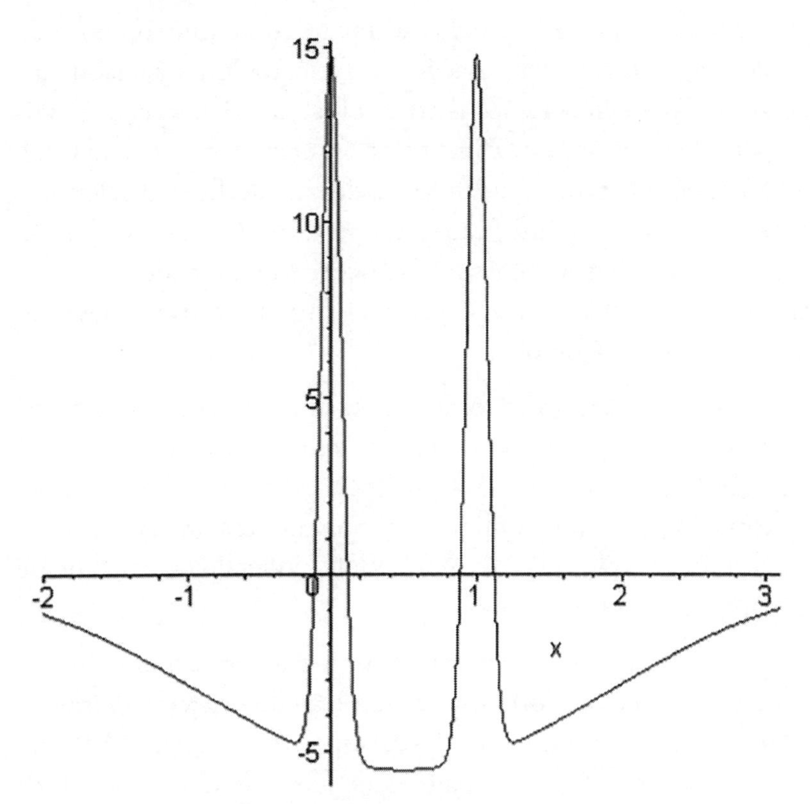

Figura 11: Ligação covalente F-F

2.3.2 A influência da radiação envoltória no processo de rearranjo

Uma vez compreendida a dinâmica do rearranjo da nuvem eletrônica, será analisado o efeito da incidência de radiação sobre as moléculas, bem como a forma pela qual a radiação envoltória pode promover ou mesmo inibir um processo reativo.

Quando um feixe de radiação incide sobre um conjunto de moléculas, ocorrem deformações no formato do potencial de interação. Essas deformações alteram a inclinação dos poços atrativos em diversos pontos, com maior ou menor intensidade local. O fenômeno provoca mudanças na direção do fluxo de elétrons, que varia ponto a ponto, causando perturbações na distribuição de densidade eletrônica. As perturbações na densidade eletrônica afetam a eficiência da blindagem das cargas positivas, presentes nos núcleos dos átomos.

Caso a blindagem se torne menos eficiente em um determinado local, este passa a se tornar um **sítio ativo**, isto é, um local favorável à formação de novas ligações. Caso um sítio antes ativo se torne inerte devido à blindagem nuclear ocasionada pela incidência de radiação, a reação será inibida, podendo eventualmente ser ativada em outro local.

Dessa forma, ao especificar os compostos presentes no meio, é preciso também informar a composição do **espectro de radiação** incidente sobre as moléculas. O espectro de radiação é obtido através da soma das contribuições de feixes de diversos comprimentos de onda. A proporção com a qual cada feixe contribui para a composição do espectro depende da natureza da fonte emissora (sol, antenas, lâmpadas, chamas etc.). No caso da radiação solar e de algumas térmicas, a medição da temperatura fornece uma aproximação razoável para as proporções com as quais cada feixe dito **monocromático** ou **monoenergético** contribui para a composição do espectro. Quanto mais alta a temperatura do meio, maior a porcentagem de contribuição dos feixes de menor comprimento de onda. A partir de então, torna-se possível revisar um conceito químico amplamente difundido desde o ensino médio: o conceito de **energia de ativação**.

A fim de revisar o conceito de energia de ativação, é preciso levar em consideração que as moléculas expostas à radiação não tendem a atingir o mesmo estado, por mais que transfiram energia entre si ao colidirem umas com as outras. Por motivos que serão expostos na segunda parte do texto, essa distribuição se comporta de forma aproximada como uma função exponencial decrescente da energia. Para uma temperatura relativamente baixa, existe um número muito elevado de moléculas em estados de baixa energia, e um número praticamente desprezível de moléculas contendo energias elevadas. Assim, é preciso aumentar consideravelmente a temperatura do meio a fim de obter um pequeno incremento nas porcentagens com as quais as maiores frequências contribuem para o espectro de radiação. Como exemplo, um aumento de 300ºK para 1.000ºK na temperatura provoca tipicamente um acréscimo de 0,1% para menos de 3% na proporção de radiação ultravioleta presente no meio. Esse fato revela um equívoco comum na execução do experimento utilizado para avaliar a energia de ativação de reações químicas. O experimento consiste em aquecer a mistura de reatantes em autoclave a diferentes temperaturas, a fim de verificar a quantidade de energia térmica necessária para catalisar a reação. Esse procedimento conduz a valores superestimados para a energia de ativação, uma vez que não leva em consideração um fato experimental bastante conhecido: a banda de frequência típica para processos catalíticos está no ultravioleta, e não na banda térmica. Isto ocorre para a grande maioria das reações entre compostos orgânicos.

O processo de cloração do Benzeno constitui um exemplo ilustrativo do argumento exposto. Mesmo a altíssimas temperaturas, a reação entre Benzeno e Cloro simplesmente não ocorre. Entretanto, ao expor a mistura à radiação ultravioleta emitida por lâmpadas de baixíssima potência, a cloração ocorre rapidamente.

Esse comportamento é análogo ao que ocorre nos experimentos relacionados ao efeito fotoelétrico. Uma chapa de alumínio só produz corrente elétrica quando a frequência da radiação incidente é da ordem de 10^{14} Hz, que corresponde a uma banda de ultravioleta. Embora cada metal possua um valor específico para a chamada **frequência de corte**, a partir da qual uma corrente passa a circular pelo material, esses valores possuem basicamente a mesma ordem de grandeza. Além disso, a diferença de potencial produzida entre o aterramento da placa e a região receptora de radiação é proporcional à frequência de corte específica do metal empregado. Esta é a razão pela qual nos modelos em microescala a diferença entre níveis de energia é proporcional à frequência da radiação que interage com a matéria. Em resumo, ao analisar fenômenos em microescala, verifica-se que o espectro de radiação desempenha um papel fundamental na dinâmica que rege o processo de rearranjo da nuvem eletrônica. Esse fato justifica a complexidade dos processos reativos que ocorrem entre compostos orgânicos. Quanto maior a porcentagem de caráter covalente dos reatantes envolvidos, mais complexos se tornam os efeitos específicos da radiação incidente sobre as estruturas moleculares. Isto ocorre porque, qualquer região de interface entre poços atrativos onde a inclinação local do potencial é pequena, pode ser facilmente perturbada pela incidência de radiação. Assim, para compostos predominantemente covalentes, os produtos de reação só podem ser estimados experimentalmente, ou com o auxílio de sistemas de simulação, ainda que de forma qualitativa.

Por esse motivo, as reações entre compostos inorgânicos, onde existem ligações fortemente iônicas, são processos cuja dinâmica é mais simples e previsível. Este é o tema a ser abordado no próximo capítulo.

CAPÍTULO 3

REAÇÕES ENTRE COMPOSTOS INORGÂNICOS

Este capítulo descreve essencialmente as ligações iônicas, formadas entre elementos fortemente doadores de elétrons (em geral, metais) e elementos aceptores (atratores) de elétrons, localizados mais à direita da tabela periódica. Esses elementos atraem a nuvem eletrônica dos doadores, porque suas próprias nuvens não são capazes de blindar completamente as cargas positivas dos prótons, presentes nos respectivos núcleos.

3.1 Reações de adição e substituição

De maneira geral, os compostos contendo ligações com pronunciado caráter iônico podem reagir entre si de forma bastante previsível. Iniciando com um exemplo extremamente simples, no qual um metal como o Potássio (K) se combina com um halogênio, o Bromo (Br), produzindo uma reação de **adição:**

$$K + Br \rightarrow KBr$$

O termo adição indica que os átomos formaram um agregado único, que neste caso constitui um **sal inorgânico**: o Brometo de Potássio (KBr). Outros sais inorgânicos podem ser obtidos através de reações de **substituição**, tais como

$$HF + Na \rightarrow NaF + H_2$$

Neste caso, o ácido fluorídrico (HF) reage com o Sódio metálico (Na), produzindo Fluoreto de Sódio (NaF) e Hidrogênio gasoso (H_2). O termo substituição, ou deslocamento, se refere à entrada do átomo de sódio no lugar do átomo de Hidrogênio, antes presente no ácido fluorídrico. Outra forma simples de produzir sais consiste em efetuar as chamadas reações de **dupla troca**, nas quais ocorre mais de uma substituição. Exemplos típicos de processos envolvendo dupla troca são as reações entre ácidos e **bases**:

$$HCl + KOH \rightarrow KCl + H_20$$

Nesta reação, o ácido Clorídrico (HCl) reage com uma base, o hidróxido de Potássio, produzindo Cloreto de Potássio (KCl) e água (H_20). As reações de dupla troca também podem ocorrer entre os próprios sais:

$$KCl + NaF \rightarrow NaCl + KF$$

Neste caso, o Cloreto de Potássio (KCl), reage com o fluoreto de Nódio (NaF) gerando Cloreto de Sódio e fluoreto de Potássio.

Até então foram apresentados exemplos de reações inorgânicas que seguem uma regra tradicionalmente utilizada no ensino médio: os átomos mais eletropositivos sempre se combinam com os mais eletronegativos, sendo que os átomos restantes se combinam entre si. Embora seja consistente com a descrição do processo de rearranjo das nuvens eletrônicas para uma série de reações entre compostos que apresentam ligações iônicas, essa regra parece falhar na tentativa de prever os produtos de reação entre certos metais e bases. Por exemplo, segundo a regra proposta, a reação entre o Alumínio e o hidróxido de Sódio não ocorreria. Considerando que o átomo de Sódio (En=0,9) é consideravelmente mais eletropositivo do que o de Alumínio (En=1,61), este não seria capaz de substituir o sódio na base. Portanto, o Alumínio não poderia se agregar ao grupo OH para formar hidróxido de Alumínio.

Entretanto, na prática, a reação não só ocorre, como também gera produtos de reação que parecem violar essa regra tradicionalmente difundida no ensino médio:

$$NaOH + Al \rightarrow NaAl0_2 + H_2$$

Neste exemplo, o hidróxido de Sódio (NaOH) reage com o Alumínio (Al), produzindo Hidrogênio e um sal chamado Aluminato de Sódio ($NaAl0_2$). Surge então a seguinte questão: ***o mecanismo proposto para o rearranjo da nuvem eletrônica ainda permanece válido para essa classe de reações?*** Embora o mecanismo ainda seja válido, e o motivo pelo qual isto ocorre seja bastante simples, as implicações lógicas resultantes não são, de forma alguma, triviais. De fato, será demonstrado a seguir que essa razão implica a necessidade de efetuar uma revisão profunda em certos conceitos básicos de química, incluindo concepções já consagradas e amplamente difundidas em textos clássicos.

3.2 A formação de sais nos quais os ânions contêm elementos metálicos

O aluminato de Sódio não representa um caso atípico de sal contendo metais em sua porção eletronegativa. Na natureza existem também Cromatos, Ferrocianetos, Vanadatos, Manganatos, e uma série de compostos nos quais os chamados **metais de transição** figuram na composição de ânions. A própria designação "metais de transição" denota claramente uma tentativa de justificar esse comportamento aparentemente anômalo, apenas pelo fato de que esses elementos ocupam posições aproximadamente centrais na tabela periódica. Contudo, existem ao menos duas justificativas mais plausíveis para essa **inconsistência aparente** com a regra baseada na eletronegatividade:

i. O alcance dos potenciais de interação dos átomos aumenta com sua massa atômica. Quanto maior a massa atômica, maior o número de elétrons disponíveis para tornar eficiente a blindagem dos respectivos núcleos. Isso ocorre porque o raio dos núcleos varia muito pouco com o aumento da massa atômica.

ii. O Hidróxido de Sódio reage como se fosse um 'ácido', de modo que o Alumínio toma o lugar dos átomos de Hidrogênio no composto. Apesar da sugestão 'absurda' de que bases possam se comportar como ácidos frente a determinados compostos, essa hipótese ainda é consistente com a regra relativa à eletronegatividade. Uma vez que o Alumínio é mais eletropositivo do que o Hidrogênio, pois possui eletronegatividade 1,61 (contra 2,1 do Hidrogênio), a substituição pode realmente ser efetuada.

Embora a segunda hipótese pareça questionável, é importante recordar que na química clássica existem ao menos três definições de ácido, concebidas por Arrhenius, Lewis e Bronsted-Lowry. Essas definições não serão revisitadas, porque são incompatíveis entre si, produzindo apenas dúvidas injustificáveis. Já a regra referente à eletronegatividade permanece consistente com os dados experimentais, de modo que poderia ser considerada, a princípio, mais geral.

Entretanto, o exame mais cuidadoso das duas hipóteses anteriores revela que a segunda decorre naturalmente da primeira. Para exemplificar essa afirmativa, pode-se tomar como exemplo o Carbono (En=2,5), que se encontra acima do Silício (En=1,9) na tabela periódica. O Silício, por ser mais pesado, possui uma eletrosfera capaz de blindar seu núcleo com maior eficiência do que a nuvem eletrônica do Carbono. Como consequência, o núcleo Silício tende a atrair com menor intensidade a eletrosfera dos átomos vizinhos, comportando-se como um átomo mais eletropositivo do que o Carbono. Essa característica permeia toda a extensão da tabela periódica. Para uma mesma família de átomos, os mais eletronegativos são sempre os mais leves, porque possuem o núcleo mais exposto (menos blindado), e por isso atraem com maior intensidade a eletrosfera dos átomos vizinhos.

O argumento anterior mostra como é possível eliminar noções supérfluas e até mesmo contraditórias sobre o tema, desde que seja priorizada a consistência lógica em detrimento do acúmulo indiscriminado de informações. Até então foi constatado que o único critério realmente confiável para estimar possíveis produtos de reação ainda é baseado exclusivamente na blindagem nuclear. Embora a primeira hipótese seja de fato bastante simples e ainda mais geral do que a regra relativa à eletronegatividade, provoca ainda o surgimento de questões adicionais, cujas respostas provocam inevitavelmente uma revisão lógica radical em conceitos antes considerados fundamentais. Essas questões serão abordadas no próximo tópico, onde será feita uma generalização adicional que permitirá estimar os mecanismos típicos e os respectivos produtos de diversas reações entre compostos orgânicos.

3.3 Noções de estequiometria

Tal como ocorre na formação do aluminato de sódio, muitas reações produzem resultados em certa medida inesperados do ponto de vista do modelo atômico orbital. Como exemplo adicional, na reação

$$Fe_2O_3 + CO \rightarrow Fe + CO_2$$

a princípio não é esperado que a redução do Ferro ocorra frente a um elemento de maior eletronegatividade, tal como o Carbono. Assim, não faz sentido imaginar que a estequiometria possui um fundamento teórico baseado no estudo de reações de oxirredução, como se fazia acreditar ao longo do ensino médio. Basta simplesmente balancear a reação. É conveniente iniciar essa operação pelo átomo de Ferro. Havendo dois átomos no membro esquerdo da reação, é evidente que devem existir também dois no membro direito. A reação então resulta

$$Fe_2O_3 + 3CO \rightarrow 2\,Fe + 3CO_2$$

Uma vez que o Carbono já se encontra balanceado, pois existe apenas um em cada membro, resta verificar o balanceamento do Oxigênio. Havendo quatro átomos de Oxigênio em ambos os membros, a equação resulta balanceada.

O próximo exemplo, usualmente resolvido via reações de oxirredução, se torna mais simples quando abordado do ponto de vista apresentado anteriormente. A reação

$$H_2S + Br_2 + H_20 \rightarrow H_2SO_4 + HBr$$

Pode ser facilmente balanceada sem identificar qualquer variação entre números de oxidação ao longo do processo. Basta observar que existe um único átomo de Enxofre em cada membro da reação. Isto implica que os coeficientes estequiométricos dos ácidos sulfídrico e sulfúrico são os mesmos, podendo ambos serem considerados iguais a 1. Então deve haver quatro átomos de Oxigênio no membro direito e, portanto, quatro moléculas de água do lado esquerdo da reação. As quatro moléculas de água contêm oito átomos de Hidrogênio, que somados aos dois presentes no ácido sulfídrico totalizam 10 Hidrogênios no membro esquerdo. Como no membro direito já existem dois, é preciso haver mais oito Hidrogênios oriundos das moléculas de ácido bromídrico. Assim o coeficiente do HBr resulta 8, de modo que bastam quatro moléculas de Bromo no membro esquerdo para finalizar o balanceamento. A reação balanceada resulta então

$$H_2S + 4\,Br_2 + 4\,H_20 \rightarrow H_2SO_4 + 8\,HBr$$

Note-se que esse processo simples de balanceamento equivale a resolver um pequeno sistema de equações algébricas lineares, iniciando por aquelas que possuem menor grau de acoplamento. Por essa razão o tema foi exposto de forma bastante sumária.

CAPÍTULO 4

REAÇÕES ENTRE COMPOSTOS ORGÂNICOS

Esse capítulo trata das ligações covalentes, formadas entre átomos cujas nuvens eletrônicas não promovem uma blindagem eficiente para as cargas positivas dos núcleos. Neste caso, cada núcleo atrai a nuvem do átomo vizinho, formando uma ligação na qual a densidade eletrônica é mais homogênea, de modo que ambos os átomos atuam como doadores e aceptores.

4.1 Grupos funcionais

Muitos compostos orgânicos possuem sítios contendo ligações iônicas. Assim, para diversos processos reativos, o rearranjo da nuvem eletrônica segue uma dinâmica semelhante à de certas reações que ocorrem entre compostos inorgânicos. Esses sítios são chamados **grupos funcionais**, porque definem as chamadas **funções orgânicas** (ácidos, álcoois, aldeídos, cetonas, ésteres, aminas etc.). Um exemplo ilustrativo dessa classe de reações consiste na combinação de ácidos orgânicos com bases, formando sais orgânicos:

$$CH_3COOH + KOH \rightarrow CH_3COOK + H_2O$$

Nesta reação de substituição, o potássio desloca o Hidrogênio do ácido acético (CH_3COOH) por ser mais eletropositivo, sendo então acoplado ao ânion acetato (CH_3COO^-), produzindo assim o acetato de Potássio (CH_3COOK). De forma análoga, os álcoois também reagem com metais, produzindo os chamados **alcoolatos**:

$$C_2H_5OH + NaOH \rightarrow C_2H_5ONa + H_2O$$

(Etanol + Hidróxido de Sódio ->Etanolato de Sódio + água)

Outro processo reativo cuja dinâmica se assemelha à das reações inorgânicas é a que ocorre entre ácidos e álcoois, produzindo ésteres:

$$CH_3COOH + C_2H_5OH \rightarrow CH_3COOC_2H_5 + H_2O$$

(Ácido acético + Etanol →Acetato de Etila + água)

Até então foram considerados reatantes que possuem um único sítio ativo: o grupo funcional. Para diversas reações orgânicas, este é de fato o único fragmento a considerar no processo reativo, de modo que se torna possível classificar muitos compostos em termos de seus grupos funcionais. Como exemplo, os ácidos orgânicos são caracterizados pelo grupo funcional carboxila (COOH), e portanto possuem a seguinte estrutura geral: R-COOH. Nesta estrutura, R representa uma cadeia genérica, contendo um número arbitrário de átomos de Carbono. De forma análoga, os álcoois, cuja estrutura genérica é R-OH, reagem com os ácidos, formando os ésteres:

$$R_1\text{-}COOH + R_2\text{-}OH \rightarrow R_1\text{-}COO\text{-}R_2 + H_2O$$

Nessa reação R_1 e R_2 representam duas cadeias distintas. Essa generalização será adotada ao longo de todo o texto, apresentado as principais funções orgânicas e suas reações. Entretanto, o foco principal da análise não é centrado nas próprias funções, mas nos principais mecanismos que geram os produtos de reação. Lembrando que a principal finalidade do estudo da Química consiste em estimar produtos de reação, e não memorizar convenções, esse foco torna a abordagem do texto mais sucinta e objetiva.

4.2 Principais mecanismos de reação

Assim como ácidos reagem com álcoois produzindo ésteres, existem várias reações cujos produtos dependem apenas das funções orgânicas específicas dos reatantes. Nesta seção considera-se que os reatantes nem sempre são convertidos diretamente nos respectivos produtos, mas podem formar compostos intermediários instáveis. Assim, um novo elemento surge para reforçar a consistência lógica da abordagem e apontar eventuais inconsistências: a necessidade de estimar a estrutura dos compostos intermediários.

4.2.1 Reações de adição

Para compreender de forma simples as reações de adição, basta iniciar a abordagem do tema com o processo de hidrogenação catalítica:

$$H_2C{=}CH_2 + H_2 \rightarrow H_3C\text{-}CH_3$$

(Eteno+Hidrogênio → Etano)

Nesse processo, chamado **adição eletrofílica**, os átomos de Hidrogênio se encontram inicialmente com blindagem nuclear deficiente, porque sua eletrosfera se concentra em torno do ponto médio entre os respectivos núcleos. Esta é uma característica das chamadas **ligações sigma**. Já os átomos de Carbono do Eteno possuem uma eletrosfera difusa, característica das ligações duplas e triplas. Essa eletrosfera difusa, chamada **ligação pi** ou **nuvem pi**, atrai os núcleos expostos dos átomos de Hidrogênio. Ao se aproximar da nuvem, cada núcleo de Hidrogênio se torna progressivamente mais blindado. Assim, sua ligação simples (sigma) se torna gradualmente mais fraca, afastando os hidrogênios e formando novas ligações sigma com os Carbonos vizinhos. Neste ponto surgem dois conceitos bastante confiáveis em química clássica: as noções de ligação difusa e concentrada. Ligações mais difusas tendem a atrair núcleos cuja blindagem é menos eficiente, favorecendo os chamados ataques eletrofílicos. Já as ligações sigma, mais concentradas na região entre os núcleos, podem eventualmente favorecer os chamados ataques nucleofílicos. Ambos os processos ocorrem quando hidrocarbonetos insaturados (contendo ligações pi) reagem com ácidos halogenídricos:

$$H_2C{=}CH\text{-}CH_3 + HBr \rightarrow H_3C\text{-}\underset{}{\overset{Br}{CH}}\text{-}CH_3$$

A princípio, a partir desses reatantes poderiam ser formados dois produtos. O primeiro teria um átomo de Bromo ligado ao Carbono da esquerda e o Hidrogênio ao Carbono central. No segundo produto, mostrado explicitamente no membro direito da reação, as posições dos átomos H e Br são invertidas. Na prática, o segundo composto é produzido em maior quantidade do que o primeiro.

Para compreender o motivo pelo qual o Bromo se liga preferencialmente a um Carbono **secundário** (ligado a outros dois Carbonos), basta considerar que o estado inicial do sistema reativo é semelhante ao do primeiro exemplo. Neste caso, o átomo de Hidrogênio se encontra inicialmente com blindagem nuclear ainda mais deficiente, porque sua eletrosfera se concentra em torno do átomo de Bromo, e não em torno do ponto médio entre os núcleos da molécula HBr. Assim, o núcleo exposto do Hidrogênio é fortemente atraído pela nuvem difusa, sendo desligado do átomo de Bromo. Nesse processo, a densidade eletrônica em torno do átomo de Bromo aumenta, assim como a densidade em torno do Carbono ao qual o Hidrogênio passa a ser ligado. Naturalmente, o Bromo tende a atacar o Carbono cuja blindagem é mais deficiente, isto é, aquele cuja densidade eletrônica é menor. Isto implica dois possíveis cenários para a segunda etapa da reação:

$$+ \quad Br$$
$$Br^- + H_3C\text{-}CH\text{-}CH_3 \rightarrow H_3C\text{-}CH\text{-}CH_3$$

e

$$+ \quad Br$$
$$Br^- + H_2C\text{-}CH_2\text{-}CH_3 \rightarrow H_3C\text{-}CH\text{-}CH_3$$

Em ambos os cenários, o sinal + junto ao Carbono indica deficiência de blindagem nuclear, o que caracteriza o chamado **carbocátion**, enquanto o sinal – junto ao Bromo indica excesso de blindagem (ânion brometo).

O problema central a resolver passa a ser então a determinação do local mais provável onde a densidade da nuvem eletrônica deva atingir um valor mínimo. Para tanto, é preciso ter em mente que simples traços presentes nas fórmulas moleculares planas não representam fielmente a configuração da nuvem eletrônica. Em outras palavras, não se pode levar totalmente a sério os conceitos de ligação sigma e pi como formas extremamente dispersas ou absolutamente concentradas. Trata-se de graduações contínuas de densidade eletrônica que pertencem a um mesmo campo, cuja configuração pode sofrer rearranjo à medida que um composto interage com outro. Por essa razão, o **processo reativo deve ser tratado como um evento contínuo**, como será exemplificado a seguir.

4.2.1.1 O rearranjo da nuvem e o deslocamento dos núcleos

Imagine-se que o núcleo exposto do Hidrogênio seja atraído inicialmente para o ponto médio entre os átomos de Carbono que compartilham a liga dupla. Esse núcleo então passa a se tornar gradualmente mais blindado, até que seu único próton se torne totalmente envolto na nuvem compartilhada. Naturalmente, sua blindagem pelo lado direito se torna mais eficiente do que pelo lado esquerdo. Isto ocorre porque **a nuvem pi é difusa, mas não uniforme. Essa nuvem é mais densa junto ao Carbono central, por ser secundário, do que nas proximidades do Carbono da esquerda, que é primário**. Dessa forma, o núcleo do átomo de Hidrogênio passa então a atrair a nuvem do Carbono primário, efetuando um pequeno desvio para a esquerda. Simultaneamente, o Carbono primário, cuja blindagem é menos eficiente do que a do secundário, passa a atrair também a nuvem envoltória do Hidrogênio, formando uma nova ligação sigma.

Uma vez formada a nova ligação sigma entre o Hidrogênio e o Carbono primário, seus respectivos núcleos passam a se tornar mais blindados, de modo que a região em torno dessa liga deixa de ser o sítio principal da reação. Nesse momento, o Carbono secundário passa a ser o novo sítio preferencial, embora não tão ativo quanto o anterior. O pequeno déficit de cargas negativas junto ao Carbono secundário faz com que seu núcleo ligeiramente exposto atraia, com pouca intensidade, a eletrosfera do íon brometo, formando assim uma ligação fracamente iônica C-Br. A baixa intensidade da interação entre o Carbono secundário e o Bromo faz com que a formação da segunda ligação ocorra em uma escala de tempo maior do que a formação da ligação entre o Hidrogênio e o Carbono primário. Esse fato é consistente com a constatação prática de que a etapa de adição eletrofílica ocorre mais rapidamente do que a etapa de adição nucleofílica.

4.2.1.2 Descrição dinâmica versus regras da Química Orgânica

O leitor familiarizado com algumas regras consagradas da Química Orgânica deve ter observado certa similaridade entre a descrição fenomenológica apresentada e a regra de Markovnikov. Além disso, deve ter percebido que existe uma semelhança ainda mais próxima com o princípio de estabilidade dos cátions carbônio, que generaliza em certo sentido a forma original da regra que V. Markovnikov propôs em 1869. Markovnikov estabeleceu originalmente que o ânion deve ser ligado ao Carbono menos hidrogenado. Essa versão foi alterada de forma quase equivalente para a regra mais conhecida, segundo a qual o Hidrogênio deve ser ligado ao Carbono mais hidrogenado. Ocorre que existe uma série de reações que violam claramente essa regra, o que motivou a formulação de uma regra adicional cuja aplicação é mais ampla. Segundo essa regra, o carbocátion mais estável (mais blindado) é o terciário, seguido do secundário, que por sua vez é mais estável do que o primário.

Embora a regra referente à estabilidade dos carbocátions seja de fato mais ampla do que a de Markovnikov, sofreu uma generalização adicional ao incorporar o desvio na trajetória do átomo de Hidrogênio, enquanto se aproximava do ponto médio da nuvem pi. Esse artifício se tornou necessário porque a escala de tempo na qual o rearranjo da nuvem ocorre é ordens de grandeza inferior à do deslocamento dos núcleos dos átomos. Isto significa que a velocidade com a qual a nuvem eletrônica evolui é muito maior do que a velocidade com a qual os núcleos se deslocam. Daí decorre que qualquer interpretação mais profunda dos mecanismos que regem a dinâmica dos processos reativos deve seguir uma diretriz fundamental: **ao efetuar um pequeno deslocamento dos núcleos é preciso reavaliar a nova conformação da nuvem eletrônica, ainda que de forma qualitativa. Essa conformação modificada determina a direção a ser tomada pelos núcleos no próximo passo infinitesimal**. Essa diretriz tem origem na **aproximação de Born-Oppenheimer**, tópico que será explorado em maior nível de detalhe na segunda parte do texto.

A estratégia proposta pode agora ser testada frente a um novo cenário, no qual uma cetona reage com moléculas de água, tanto em meio ácido quanto alcalino. Nesta reação surge outro novo elemento ainda não considerado: a influência do solvente. A presença de ácidos ou bases tem como objetivo acentuar o caráter polar da molécula de água, isto é, promover sua ionização:

$$HOH \rightarrow H\text{-}OH$$

A acetona, também chamada propanona, pode ser representada pela fórmula plana CH_3COCH_3. Entretanto, para facilitar a visualização dos mecanismos de reação, será adotada uma representação que destaca o sítio ativo. Neste caso, o sítio ativo é o grupo funcional carbonila (C=O), característico dos aldeídos e das cetonas.

Na representação utilizada para destacar o sítio ativo, os átomos de Carbono figuram como vértices ou extremos de uma cadeia poligonal, enquanto os átomos de Hidrogênio são suprimidos, a menos que façam parte do próprio grupo funcional de interesse. Assim, no caso específico da acetona, apenas o átomo de Oxigênio figura de forma explícita na representação molecular plana.

Para simplificar a descrição do processo, a reação pode ser decomposta em duas etapas. Na primeira ocorre a aproximação entre grupos cujas polaridades são opostas. Em outras palavras, enquanto o Hidrogênio de uma das moléculas de água se aproxima do Oxigênio presente na acetona, o grupo hidroxila (OH) na outra molécula de água se aproxima do Carbono ligado ao Oxigênio. Assim, ocorre um ataque eletrofílico pelo lado inferior da molécula de acetona, enquanto um ataque nucleofílico acontece pelo lado oposto (figura 12).

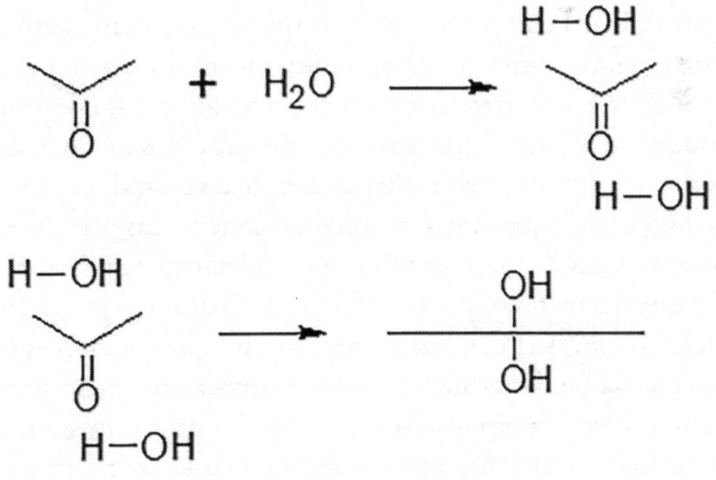

H—OH

O + H_2O → O

H—OH

H—OH

O → OH, OH

H—OH

Figura 12: Ataques nucleofílico e eletrofílico da água sobre a acetona

Na segunda etapa, a hidroxila presente no lado superior se liga ao Carbono e libera um átomo de Hidrogênio. Paralelamente, pelo lado inferior, o Hidrogênio se combina com o Oxigênio da carbonila, formando outra hidroxila, e liberando mais uma hidroxila. O principal produto resultante desse processo é o propanodiol, um álcool contendo três átomos de Carbono, com duas hidroxilas ligadas ao Carbono central.

Naturalmente, o processo reativo envolve uma terceira etapa, mais lenta, na qual o Hidrogênio liberado pelo lado superior encontra a hidroxila produzida no lado inferior, gerando uma molécula de água. Essa etapa não foi representada por parecer bastante previsível, uma vez que não haveria outra combinação possível entre os novos grupos produzidos.

Neste ponto, cabe uma observação mais detalhada sobre a duração das etapas do processo. A última etapa resulta mais lenta, porque o Hidrogênio e a hidroxila liberados anteriormente necessitam percorrer uma distância relativamente longa para que se encontrem. Lembrando que o rearranjo da nuvem eletrônica ocorre em uma escala de tempo muito menor do que o deslocamento dos núcleos, parece natural que o deslocamento de grupos se processe de forma ainda mais lenta do que o dos núcleos. Uma prova conclusiva da grande diferença entre essas escalas de tempo reside no fato de que muitas reações são controladas pela difusão. Como exemplo, muitos combustíveis queimam lentamente ao ar porque que contém poucos átomos de Oxigênio em sua composição. Assim, sua combustão resulta lenta porque o Oxigênio do ar precisa percorrer um caminho relativamente longo para se encontrar com a molécula do combustível. Entretanto, ao se encontrar junto a um sítio ativo, a recombinação ocorre instantaneamente. De fato, a Nitroglicerina, que contém nove átomos de Oxigênio em sua molécula, sofre combustão imediata, pois não necessita do Oxigênio do ar para entrar em processo de queima.

Daí resultam as explosões, que nada mais são do que reações de combustão muito rápidas, nas quais o combustível e o Oxigênio já se encontram homogeneamente distribuídos no espaço. O próprio sistema de injeção nos automóveis é um mecanismo de formação de mistura entre o ar e o combustível em forma de spray. Tanto nos antigos carburadores quanto nos sistemas de bico injetor, a mistura entre Oxigênio e combustível resulta quase tão homogênea quanto a que existe nos explosivos. Quando a mistura entra em contato com uma fonte de ignição (centelha da vela), ocorre quase uma explosão dentro da camisa do motor. Esse processo de combustão resulta um pouco mais lento do que o dos explosivos genuínos.

4.3 Reações de substituição

Retomando a estratégia anterior, será agora estimado o mecanismo segundo o qual ocorre a hidrólise de haletos, um exemplo de substituição nucleofílica:

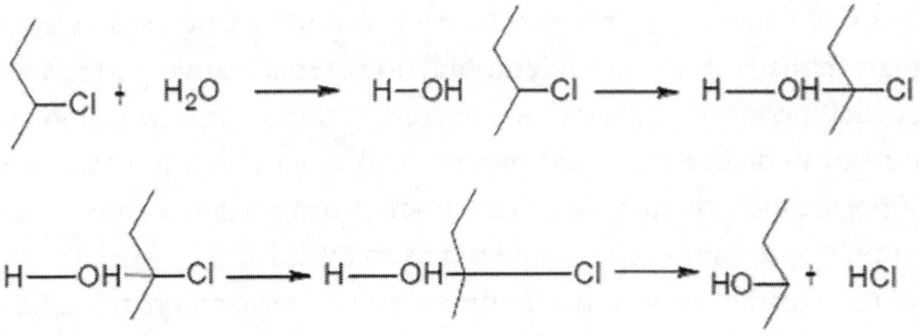

Figura 13: Ataque nucleofílico da água sobre um haleto

Inicialmente, o grupo hidroxila ataca o Carbono ligado ao Cloro pelo lado oposto, formando um complexo de adição no qual estão presentes todos os átomos participantes do processo. Simultaneamente a hidroxila se liga ao Carbono, enquanto os átomos de Hidrogênio e Cloro se afastam gradualmente de seus sítios originais. Por essa razão o Cl é chamado átomo **abandonador**. Finalmente, o Cloro e o Hidrogênio se encontram (etapa lenta da reação) e se recombinam, formando HCl.

4.4 Observação sobre compostos multifuncionais e efeitos não-locais

Como já mencionado, até então foram consideradas reações para as quais os grupos funcionais determinam os produtos finais de reação. Existem, no entanto, uma série de reações orgânicas cujos produtos não podem ser estimados a partir da recombinação direta entre ânions e cátions. Além disso, há processos para os quais até mesmo a identificação de sítios ativos nas moléculas dos reatantes se torna uma tarefa bastante difícil. Nesses casos, a necessidade de efetuar previsões baseadas em uma observação visual mais refinada da evolução temporal do sistema reativo pode parecer desencorajadora. Levando em consideração que o rearranjo da nuvem pode acontecer até mesmo a distâncias consideráveis do suposto sítio principal de reação, pode ocorrer o deslocamento simultâneo de vários núcleos. Dessa forma, a inspeção visual de um cenário reativo pode se tornar uma tarefa extremamente trabalhosa, e em muitos casos bastante confusa. Entretanto, a aplicação da estratégia baseada em uma observação mais fina da evolução temporal se torna uma tarefa viável quando se dispõe de alguns recursos computacionais que amplificam a intuição geométrica do leitor. Na próxima seção, serão apresentados exemplos para os quais o rearranjo da nuvem eletrônica será efetuado através do emprego de um pequeno sistema de simulação molecular. Esse sistema atuará como auxiliar na análise da dinâmica subjacente ao processo reativo. Nesse novo processo de análise, será introduzida uma importante noção preliminar de análise vetorial: o conceito de gradiente. Esse conceito, mesmo introduzido de forma simples e qualitativa, se revelará um recurso bastante útil para efetuar análises mais detalhadas sobre a dinâmica dos processos reativos em geral. Este será o primeiro passo no sentido de amplificar a intuição geométrica natural do leitor, aproximando-a pouco a pouco da imagem fenomenológica descrita pelos modelos matemáticos atualmente disponíveis.

Cabe aqui uma observação. Antes de utilizar recursos computacionais para efetuar previsões a partir desses cenários, é preciso revisitar e abandonar alguns conceitos já consagrados, embora inconsistentes, que são amplamente difundidos em textos clássicos de Química. Conceitos como **valência** e **afinidade eletrônica** dificultam a compreensão dos mecanismos que regem a dinâmica das reações. Esse tema será explorado no próximo capítulo.

CAPÍTULO 5
NOÇÕES DE BIOQUÍMICA

Neste capítulo são apresentadas reações entre compostos orgânicos que cumprem funções metabólicas essenciais ao funcionamento de organismos vivos. A partir deste ponto se torna necessário o emprego de sistemas de simulação molecular, a fim de avaliar o rearranjo da nuvem eletrônica ao longo do processo reativo. A rigor, o uso de sistemas de simulação já se faz necessário para diversas reações entre compostos orgânicos, havendo sido adiado até então por uma questão de simplicidade.

5.1 Revisitando conceitos básicos

Uma vez absorvidos os conceitos de ataque eletrofílico e nucleofílico, basta refinar alguns conceitos básicos de Química clássica para compreender os mecanismos que regem as reações entre biomoléculas.

Levando em consideração que a eletronegatividade decresce com o aumento da massa atômica, surge imediatamente uma questão fundamental com relação à classificação periódica dos elementos. Em uma mesma coluna da tabela periódica podem existir ao menos dois elementos cujos valores de eletronegatividade diferem de forma considerável – o mais leve o mais pesado da mesma família de átomos. ***Pode ocorrer então que dois elementos da mesma família se comportem de forma diferente?*** Sim. Na verdade, isto é muito comum junto ao lado direito da tabela periódica. Nessa região se encontra a família dos semi-metais, que não está disposta em uma única coluna, mas em uma banda diagonal. Ao traçar uma linha diagonal entre os átomos de Boro (B) e Polônio (Po), observa-se que os valores de eletronegatividade nas proximidades dessa linha oscilam em torno de 2, passando por elementos cuja blindagem nuclear é semelhante.

Essa constatação remete a outra questão importante. Ao transladar para a direita a diagonal entre o Boro e o Polônio, pode-se partir de elementos eletronegativos e chegar a gases nobres. ***Isto significa que podem existir elementos da família dos gases nobres que formam ligações com outros átomos?*** Sem dúvida. Quanto mais pesado o gás nobre, maior o alcance de sua nuvem, e assim maior sua tendência a se comportar como um elemento doador de elétrons. Na prática, os elementos Criptônio e Xenônio não são de fato gases absolutamente nobres, pois formam compostos oxigenados semelhantes aos que produzem os halogênios. Exemplos típicos de compostos nos quais participam gases nobres são o Percriptonato de Sódio ($NaKrO_4$) e o Perxenonato de Potássio ($KXeO_4$). Nesses compostos, os elementos Criptônio (Kr) e Xenônio (Xe) se comportam de forma análoga aos átomos de Cloro (Cl), Bromo (Br) e Iodo (I). Em resumo, um elemento dito nobre pode não apenas formar ligações, mas possuir um elevado número de ligantes, também chamado **número de coordenação**. Este fato induz a questionar a chamada **regra do octeto**, e levanta uma questão básica sobre a valência. A blindagem das cargas positivas dos prótons por parte da nuvem eletrônica justifica o comportamento peculiar das reações, além de possibilitar a análise de efeitos transientes. Assim, parece difícil saber até que ponto a valência de um átomo pode ser realmente tratada como um parâmetro confiável.

Uma vez compreendido o papel da blindagem da carga nuclear na dinâmica dos processos reativos, serão introduzidos os

mecanismos que regem as reações orgânicas nos organismos vivos. Esse tema é considerado por alguns profissionais da área como um ponto crítico do ensino de Química. Ocorre que os mecanismos de reação entre as biomoléculas não são facilmente elucidados por regras baseadas na simples presença de grupos funcionais. Isto se deve basicamente à ocorrência de efeitos não-locais durante o processo de rearranjo da nuvem eletrônica. Na verdade, todos os mecanismos podem ser unificados ao descrever os processos reativos em termos de variações locais da blindagem nuclear. Contudo, as variações na blindagem se devem ao rearranjo da nuvem, cuja dinâmica só será elucidada em seções posteriores, através da introdução de um pequeno curso de equações diferenciais dedicado a processos químicos. Por enquanto ainda é conveniente esgotar todos os recursos qualitativos que ainda permitem assimilar os mecanismos básicos de reação. Por esse motivo, é recomendável que a leitura da próxima seção seja feita de forma bastante lenta e, na medida do possível, livre do condicionamento inculcado pelos próprios conhecimentos anteriores. A próxima seção foi concebida especificamente para eliminar conceitos obsoletos já enraizados ao longo dos cursos tradicionais, preparando o leitor para alçar um novo nível de clareza e consistência na abordagem do tema.

5.2 Mecanismos de reação entre biomoléculas

A exemplo da forma pela qual os temas foram expostos nas seções anteriores, os mecanismos e produtos de reações entre compostos orgânicos serão analisados de forma essencialmente qualitativa, preservando a clareza de exposição, a consistência lógica e o forte apelo à intuição geométrica. Entretanto, a partir deste ponto, serão propostos mecanismos de reação mais gerais, na tentativa de efetuar previsões para compostos intermediários e produtos finais de uma classe mais ampla de reações.

Uma vez que até mesmo alguns gases nobres podem interagir com outros átomos, parece razoável esperar que, para átomos localizados junto ao centro da tabela periódica, o conceito de valência não deva ser levado totalmente a sério. Nos compostos orgânicos existem estruturas para as quais o número de coordenação de diversos átomos é incompatível com a valência esperada. Além disso, a ordem de várias ligações pode ser considerada fracionária, devido ao caráter difuso da nuvem eletrônica. É conveniente iniciar o estudo do comportamento dessas nuvens por um fragmento específico da molécula de Hemoglobina, na qual um átomo de Ferro se encontra ligado a quatro átomos de Nitrogênio. Essas quatro ligações formam um arranjo responsável pelo processo de transporte do Oxigênio desde os alvéolos pulmonares até o interior das células vivas. O processo de transporte do Oxigênio, que será resumido a seguir, depende da formação de uma liga provisória de longo alcance e baixa intensidade entre o Ferro e o Oxigênio, chamada ligação de **Van der Waals**.

A figura ilustra uma molécula de Oxigênio nas proximidades de uma estrutura que liga um átomo de Ferro a quatro átomos de Nitrogênio.

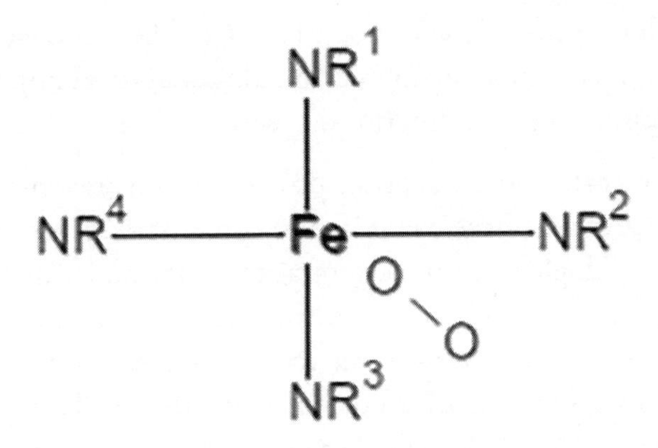

Figura 14: Fragmento da molécula de Hemoglobina interagindo com O_2

Inicialmente o Oxigênio é atraído pela eletrosfera do Ferro, e passa a se deslocar em sua direção. Contudo, à medida que o Oxigênio da esquerda se aproxima do átomo de Ferro, atrai para si parte da eletrosfera do metal, tornando sua própria blindagem progressivamente mais eficiente. Ao se aproximar ainda mais do átomo de Ferro, sua nuvem eletrônica, já mais volumosa, passa a repelir a eletrosfera dos átomos de Nitrogênio. A partir desse ponto, as forças de atração e repulsão passam a se equilibrar mutuamente. Isto ocorre a uma distância de aproximadamente três Angstrons (3.10^{-10} metros). Essa distância de equilíbrio é maior que a medida típica de uma ligação química, que varia entre 0,7 a 1,5 Angstrons. Como a intensidade das interações eletromagnéticas decai de forma aproximada com o quadrado da distância entre os ligantes, essa nova liga resulta consideravelmente mais fraca do que uma ligação química usual (possui entre 10 e 25% de sua intensidade). Essa ligação mais fraca permite que a molécula de Hemoglobina transporte o Oxigênio através da corrente sanguínea até a periferia de uma célula. Ao se aproximar da membrana celular pelo lado externo, a Hemoglobina cede facilmente o Oxigênio para uma estrutura chamada **canal de glicoproteína**, que o transporta para o interior da célula.

Esse mecanismo de captura provisória está presente em diversas reações orgânicas, viabilizando a execução de uma série de processos biológicos, como a respiração, o transporte de nutrientes, a replicação celular, o movimento de músculos e a digestão. Em síntese, os processos que caracterizam o funcionamento de um organismo vivo são fortemente dependentes da capacidade de formar ligações de Van der Waals.

No exemplo apresentado, tornou-se necessário considerar um evento antes ignorado nos demais processos reativos: a força repulsiva entre as eletrosferas do Oxigênio e do Nitrogênio não aumenta apenas pela mera aproximação entre os átomos. Ocorre também que, ao se aproximar do átomo de Ferro, o Oxigênio incorpora parte de sua nuvem residual. Essa combinação de eventos, bastante comum nas reações entre biomoléculas, indica que a chamada afinidade eletrônica ('avidez' por elétrons) pode variar ao longo do processo de migração. Isto se deve ao fato de que a blindagem nuclear varia ao longo do processo reativo.

5.3 A migração de ligantes

Na seção anterior foi necessário considerar eventos que ocorrem à medida que duas moléculas se aproximam, tais como a migração de parte da nuvem eletrônica do Ferro para o Oxigênio. Nesta seção serão introduzidos novos efeitos transientes que são característicos das reações entre biomoléculas. Esses efeitos, associados à migração de certos ligantes devido ao rearranjo da nuvem, serão empregados para reavaliar a blindagem nuclear a cada intervalo de tempo, e assim estimar a estrutura dos compostos intermediários e produtos finais de reação.

A necessidade de considerar a ocorrência desses efeitos gera uma dificuldade adicional na análise do processo de rearranjo. Além de considerar efeitos que ocorrem simultaneamente em diferentes sítios, torna-se também necessário quantificar sua influência, a fim de obter estimativas razoáveis para a evolução temporal da nuvem eletrônica.

5.3.1 Isomeria óptica

A figura 15 mostra dois isômeros ópticos da frutose: as formas levogira (L) e dextrogira (D), que resultam da migração de grupos funcionais. Essas moléculas são chamadas quirais, porque possuem uma simetria análoga à das mãos direita e esquerda, isto é, são imagens especulares uma da outra.

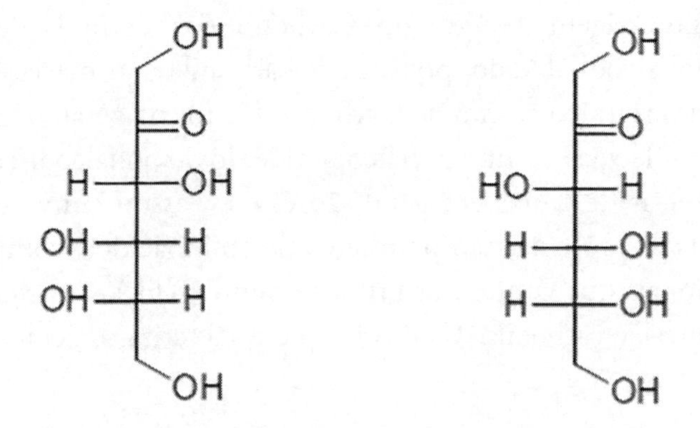

Figura 15: Frutose levogira (L) e dextrogira (D)

Em cursos introdutórios, a única informação a respeito desses isômeros consiste em sua ação sobre feixes de luz polarizada, desviando seu plano de oscilação no sentido horário ou anti-horário. Entretanto, foi constatado experimentalmente um fato muito mais relevante no que diz respeito à reatividade desses compostos quando em contato com biomoléculas. Ocorre que apenas a D-frutose é metabolizada pelo organismo, enquanto a L-frutose se comporta como um composto inerte. Isto ocorre porque nas células vivas existem diversas substâncias que interagem com partes específicas de determinadas moléculas. Essa interação acontece quando as moléculas atacantes possuem grupos eletrofílicos e nucleofílicos em posições idênticas aos grupos complementares presentes no substrato a atacar. Em termos simplificados, duas moléculas podem interagir quando a atacante 'encaixa' seus grupos eletrofílicos nos grupos nucleofílicos do substrato e vice-versa. Essa descrição preliminar do modelo 'chave-fechadura' se aplica a diversas classes de biomoléculas, especialmente porque consistem em substâncias multifuncionais. Note-se que a frutose é um poliálcool-cetona, pois possui vários grupos hidroxila e uma carbonila, cujo Oxigênio se liga a um Carbono secundário. Já a glicose é um poliálcool-aldeído, porque sua carbonila é primária, isto é, ligada a um único átomo de Carbono. De forma geral, os açúcares são moléculas do tipo poliálcool-aldeído ou poliálcool-cetona. As essências de frutas em geral são ésteres, assim como as gorduras. Já as proteínas são polímeros de aminoácidos, compostos bifuncionais que contém os grupos amino (NH_2), característico das aminas, e carboxila (COOH), que caracteriza os ácidos.

5.3.2 A isomeria dinâmica (tautomeria)

Além da isomeria óptica, as moléculas orgânicas presentes nos organismos vivos também apresentam os chamados tautômeros.

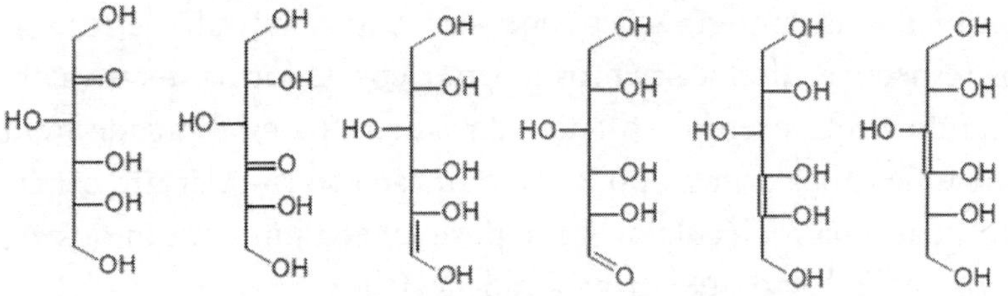

Figura 16: Tautômeros da D-Frutose

Esse conjunto de isômeros, que se convertem entre si ao longo do tempo, caracteriza uma forma de isomeria chamada dinâmica. Tal como nas estruturas de ressonância, onde partes da nuvem podem migrar ao longo de uma molécula, também certos grupos funcionais efetuam migração. No caso da frutose, podem existir 12 tautômeros, sendo 6 para cada uma das formas quirais (L e D). A princípio, essa variedade de formas dificulta de maneira considerável o processo de obtenção de estimativas para as possíveis estruturas dos compostos intermediários de reações. Felizmente, tanto para as estruturas canônicas de ressonância quanto para os tautômeros vale uma regra que simplifica esse processo. Na prática, a forma mais provável para o composto real consiste em uma média ponderada entre as estruturas que se revezam ao longo do tempo. Nessa média ponderada, os respectivos pesos correspondem às frações de tempo para as quais a estrutura molecular permanece em cada forma específica.

Esta constatação experimental remete a outra dificuldade, desta vez de natureza operacional. Uma vez que não se pode conhecer de antemão os "tempos de residência" da molécula em cada uma de suas possíveis formas isômeras, a estrutura correspondente à respectiva média ponderada ainda permanece desconhecida.

Surge então a necessidade de efetuar simulações nas quais são estimadas as configurações sucessivas para a nuvem eletrônica e os respectivos deslocamentos dos núcleos de forma iterativa. Tomando como exemplo o anel benzênico, sua estabilidade frente a ataques nucleofílicos pode ser verificada ao simular um cenário no qual uma molécula de Cl_2 é posicionada junto a um dos átomos de Carbono que forma a cadeia cíclica:

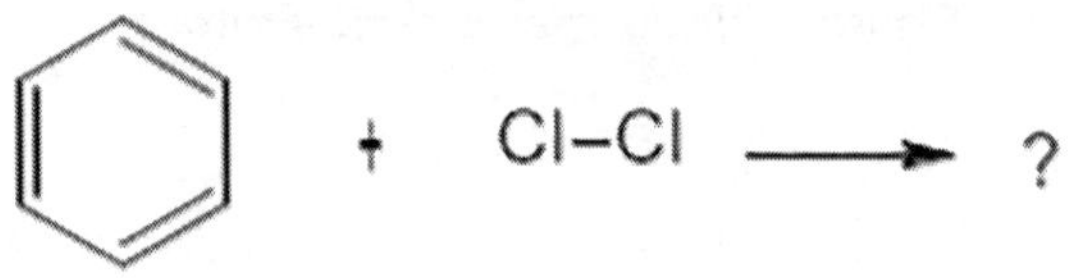

+ Cl–Cl ⟶ ?

Figura 17: O que ocorre na tentativa de cloração do Benzeno?

Ao efetuar a simulação desse cenário, surge uma informação de certo modo contra intuitiva, embora consistente com dados laboratoriais. Ao invés de interagir com os átomos mais próximos, **o Cloro não é atraído, e assim não reage com o benzeno**. A ocorrência desse fenômeno é facilmente reconhecida ao examinar dois mapas sucessivos de potencial para o sistema (figuras 18 e 19). Nesses quadros, a convenção da rampa de cores segue o padrão arco-íris, no qual as zonas de carga negativa se intensificam do azul ao violeta, enquanto as zonas de carga positiva vão desde o amarelo até o vermelho. A cor verde indica regiões aproximadamente neutras.

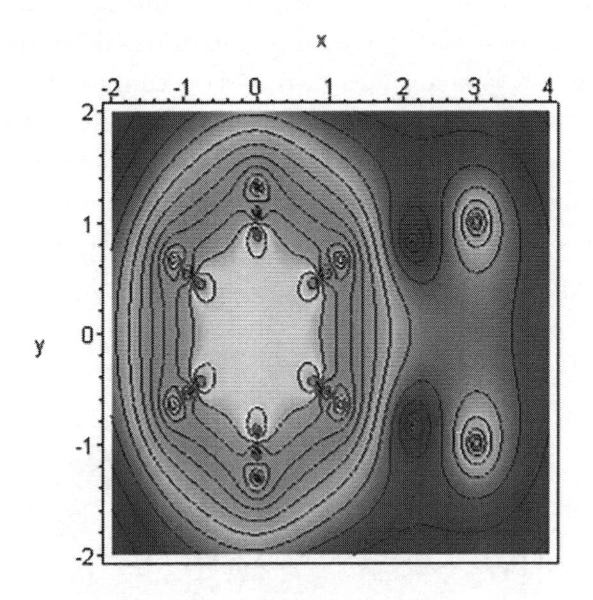

Figura 18: Estado inicial do sistema

Na figura 18, os átomos de Carbono correspondem às manchas circulares de cor amarela com centro alaranjado, dispostas nos vértices da cadeia hexagonal interna. Já os átomos de Hidrogênio, indicados por manchas circulares amarelas, dispostas nos vértices da cadeia hexagonal externa. Os átomos de Cloro se encontram à direita, próximos aos pontos (3,-1) e (3,1). A princípio, a formação de manchas azuis com centro violeta, próximas às coordenadas (2.2,1) e (2.2,-1) parecem indicar que a molécula de Cl_2 inicia um ataque nucleofílico aos átomos de Hidrogênio. Além disso, a própria ligação da molécula de Cl_2 está atenuada, fato indicado pelo fraco tom de azul que forma a conexão entre os átomos de Cloro. Entretanto, no quadro temporal seguinte (Figura 19), ocorre um rearranjo em quase toda a extensão da nuvem eletrônica, caracterizado pela migração de grande parte da nuvem para o interior do anel, bem como pela redução da densidade eletrônica à esquerda dos átomos de Cloro. Esses átomos passam a formar apenas ligações fracas com os Hidrogênios localizados à direita do anel, pois as zonas que antes apresentavam intenso potencial negativo, isto é, antes azuis com centro violeta, se atenuam, passando a um azul mais claro. Resumindo, a reação não ocorre, e a nuvem passa a se concentrar nas ligações C-C e no interior do próprio anel.

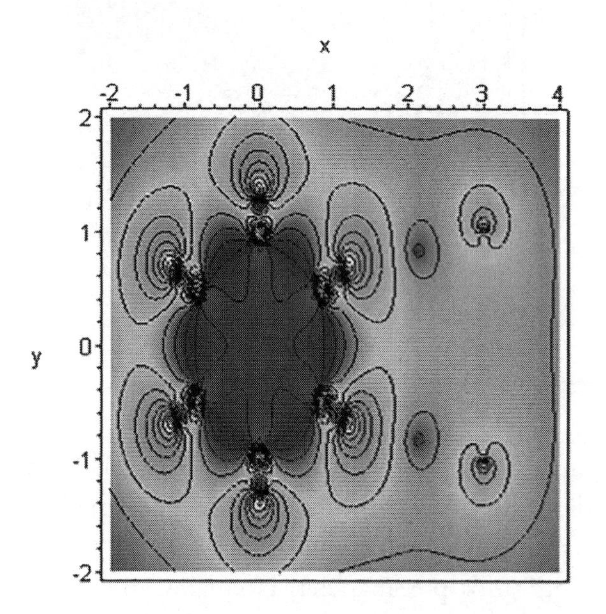

Figura 19: Sistema após o rearranjo

Em ambas as figuras, a linhas pretas representam curvas de nível do potencial. Essas linhas permitem estimar a direção na qual cada átomo tende a se deslocar em um quadro futuro. Ampliando a região na qual se encontra o átomo de Cloro junto ao canto superior direito da figura 19 e sua respectiva vista em perspectiva, é possível deduzir que esse átomo está sendo atraído para baixo, isto é, em direção ao outro átomo de Cloro. Uma vez que o poço negativo de potencial atrai o núcleo do átomo, este é atraído na direção perpendicular às curvas de nível, isto é, em direção a regiões de azul mais intenso na figura 20.

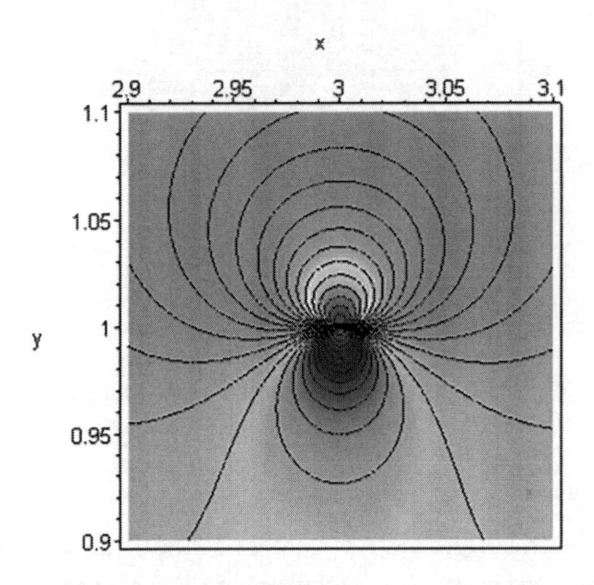

Figura 20: Isolinhas de potencial em torno do átomo de Cloro

A situação é análoga à de uma bola de futebol posicionada inicialmente em torno do ponto (3,1). Essa bola certamente rolará para dentro do poço mostrado na vista em perspectiva (figura 21).

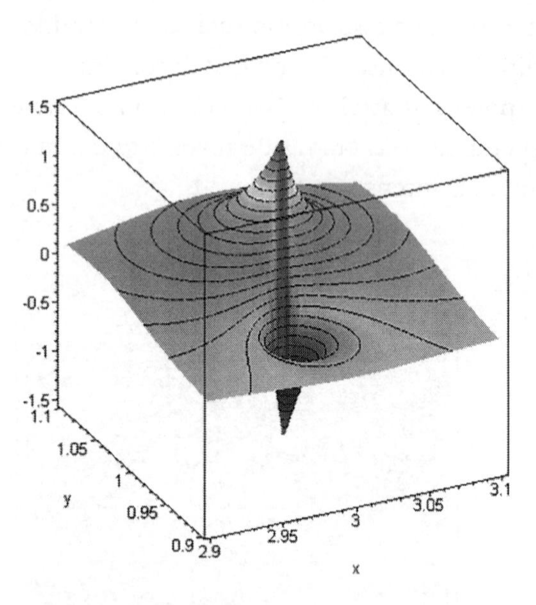

Figura 21: Visão em perspectivada figura 20

Essa descrição geométrica remete à noção de **gradiente** de um campo escalar. A força exercida pelo poço azul sobre o núcleo do átomo de Cloro aponta para a direção descendente de maior inclinação. Em outras palavras, a direção da força exercida pela região de maior densidade eletrônica é oposta ao gradiente local dessa superfície curva. Isto significa que o gradiente da superfície aponta na direção ascendente de maior inclinação.

Até então, as noções qualitativas de nuvem pi, blindagem nuclear e gradiente de potencial ainda não são suficientes para compreender totalmente o processo de rearranjo da nuvem. Entretanto, as isolinhas de potencial e as cores do mapa permitem estimar as futuras posições dos núcleos, além de elucidar algumas aplicações tecnológicas relevantes, que serão apresentadas no próximo capítulo.

CAPÍTULO 6

APLICAÇÕES TECNOLÓGICAS

Este é o último capítulo da parte I, que trata de aspectos qualitativos e conceituais da Química. As aplicações práticas apresentadas a seguir podem ser explicadas utilizando exclusivamente argumentos qualitativos, todos ainda baseados no conceito de blindagem das cargas positivas por parte da nuvem eletrônica que envolve o núcleo dos átomos.

6.1 Noções de eletroquímica

Os conceitos de ligações sigma e pi, blindagem nuclear e gradiente de potencial permitem compreender, em certo nível de profundidade, algumas aplicações tecnológicas bastante úteis.

Como exemplo, quando uma barra de Zinco é mergulhada em uma solução aquosa de Sulfato de Cobre ($CuSO_4$), ocorre uma reação na qual o Zinco substitui o Cobre, cedendo parte de sua nuvem eletrônica. Esse processo é classificado como uma reação de **oxirredução**:

$$Zn + CuSO_4 \rightarrow ZnSO_4 + Cu$$

O termo oxirredução se refere à perda de elétrons por parte do Zinco (oxidação), acompanhada do ganho desses elétrons por parte do Cobre (redução). Na prática, a ocorrência dessa reação é evidenciada por três eventos simultâneos:

i. Desgaste da barra de Zinco;

ii. Descoloração gradual da solução azul de $CuSO_4$ (a solução de $ZnSO_4$ é incolor);

iii. Deposição de Cobre sobre a barra de Zinco (o Cobre tem tom alaranjado metálico, enquanto o Zinco possui tom prateado).

A fim de verificar se a transferência de elétrons é de fato o fator responsável pela deflagração do processo reativo, é possível constatar se alguns eventos equivalentes aos já mencionados possam ocorrer mesmo que a barra de Zinco não entre em contato direto com a solução de Sulfato de Cobre. Para tanto, pode ser construído um equipamento no qual a transferência eletrônica ocorre de forma indireta: a célula de Daniel. A figura 22 representa duas cubas nas quais foram introduzidos eletrodos ligados a um amperímetro. A cuba da esquerda contém uma solução de Sulfato de Cobre (cinza), sendo seu eletrodo uma haste de Cobre, enquanto a segunda contém uma solução de Sulfato de Zinco, na qual se encontra mergulhado um eletrodo de Zinco. Uma vez que a barra de Zinco não está em contato com a solução de Sulfato de Cobre, o único mecanismo pelo qual pode ser efetuada a transferência de elétrons consiste na migração iônica. Essa migração ocorre através de uma ponte salina que conecta ambas as cubas, fechando o circuito elétrico. A ponte salina é representada na figura por um tubo em U emborcado, cujas extremidades são fechadas com material poroso. A ponte contém solução aquosa de um sal que não possui elementos comuns a nenhuma das soluções contidas nas cubas: o Cloreto de Potássio. Dessa forma, a solução da ponte salina não pode transferir íons entre as cubas (apenas elétrons) para não mascarar o experimento.

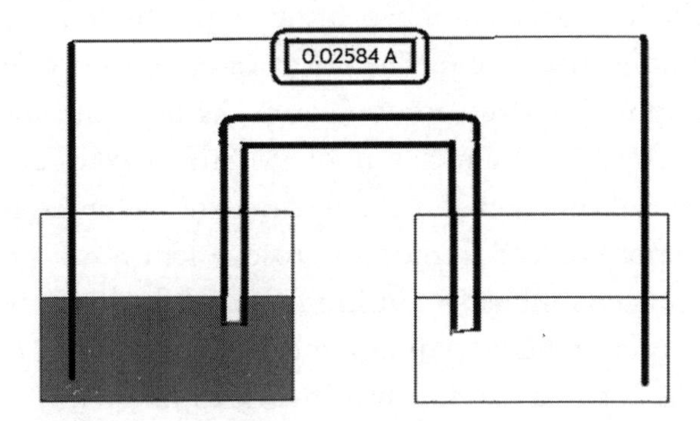

Figura 22: A célula de Daniel

Ao ligar os eletrodos no amperímetro que os conecta, ocorrem os seguintes eventos: a barra de Zinco se desgasta, a espessura da barra de Cobre aumenta e a solução azul perde gradualmente a tonalidade. Além disso, o amperímetro registra o surgimento de pequena corrente elétrica, que passa a circular entre as cubas. Este é o mecanismo básico de funcionamento das **baterias** em geral. As baterias são acumuladores de energia que consistem em várias unidades semelhantes às células de Daniel ligadas em série. Os tipos de baterias usualmente disponíveis no mercado são baseados em Chumbo e ácido Sulfúrico, usadas em automóveis, em Níquel e Cádmio, que são utilizadas em pequenos aparelhos eletrônicos, e baterias baseadas em Lítio, empregadas em computadores portáteis, furadeiras, brinquedos e cadeiras de roda motorizadas. Existem também baterias baseadas em Alumínio e Cloreto de Sódio, que começam a se tornar populares devido a seu baixo custo e facilidade de construção, além de não gerar resíduos poluentes.

Além das baterias convencionais, existe outra forma de produzir corrente elétrica também a partir de reações químicas. Nas chamadas **células de combustão**, a exemplo do que ocorre nos casos já citados, os reatantes não entram em contato direto. Neste caso, o combustível e o Oxigênio trocam elétrons e íons leves através de uma interface porosa, composta por um substrato de Carbono revestido com metais nobres. Durante cerca de 40 anos, o único metal empregado na fabricação dessas interfaces foi a Platina, suportada em Carbono poroso. Além disso, por muito tempo o único combustível utilizado na célula de Carbono platinado foi o Hidrogênio. Por esse motivo, a tecnologia de células de combustão ainda não foi amplamente difundida.

Atualmente estão sendo testadas várias combinações entre metais de mais baixo custo e combustíveis alternativos, visando à obtenção de células mais baratas de uso universal. A figura 23 mostra o diagrama esquemático de uma célula de combustível.

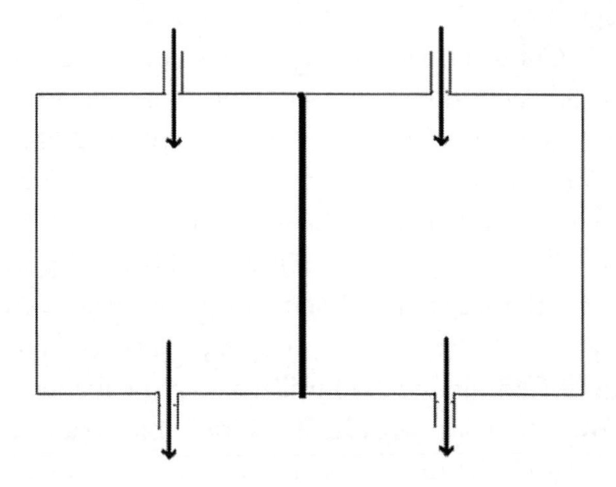

Figura 23: Representação simplificada da célula de combustível

Nesse arranjo, o combustível e o ar são injetados de forma contínua em vasos separados de uma mesma cuba, na qual a parede divisória é a própria interface porosa de Carbono metalizado.

Os respectivos produtos de combustão abandonam a célula pelo lado oposto ao da entrada.

Neste aspecto específico, a célula de combustão apresenta uma grande vantagem sobre as baterias convencionais. A energia é armazenada no tanque de combustível, tal como nos veículos movidos a gasolina e óleo diesel. A princípio, isto seria uma vantagem considerável para emprego em carros elétricos, pois poderia proporcionar maior autonomia e evitar o processo de recarga. Além de constituir um processo excessivamente lento, ainda não existem pontos de recarga em ruas e estradas. Entretanto, a principal limitação das células de combustível de baixo custo reside justamente no rendimento da operação. As taxas de conversão dos reatantes em produtos de combustão ainda são inferiores a 30% em peso.

Em resumo, tanto o funcionamento das baterias quanto das células de combustão são baseados na ocorrência de uma reação química na qual os reatantes não se encontram misturados. Na pior das hipóteses se encontram em interfaces porosas, e essencialmente transferem elétrons, produzindo corrente. A partir dessa conclusão, parece razoável supor que o processo de recarga das baterias seja essencialmente o mesmo, mas ocorrendo no sentido inverso. De fato, ao fornecer corrente elétrica ao mesmo sistema reativo, os eventos mencionados passam a ocorrer no sentido temporal inverso. O eletrodo de Cobre se desgasta, a solução passa a adquirir tons de azul progressivamente mais intensos, e a espessura da barra de Zinco aumenta. Este também é o mecanismo básico da **eletrólise**, que consiste na decomposição de moléculas por ação de uma corrente elétrica. Uma aplicação bastante usual do processo eletrolítico, chamada **galvanoplastia**, é uma tecnologia empregada para revestir diferentes materiais com coberturas metálicas. As coberturas mais procuradas no comércio são as de Cromo e Níquel. Como exemplo, em uma cuba contendo Sulfato de Cromo, o objeto a cromar é inicialmente revestido com grafite, caso não seja constituído por um material condutor de eletricidade. Em seguida, o objeto é mergulhado na solução e conectado a um dos eletrodos. Esse eletrodo é então ligado a uma fonte de corrente e a uma haste metálica, que faz o papel de um segundo eletrodo, que é mergulhado na mesma solução. Neste caso, a migração iônica ocorre dentro de uma única cuba, uma vez que o principal objetivo do aparato consiste apenas em revestir o primeiro eletrodo.

Essa segunda aplicação tecnológica dá origem a uma questão fundamental. Como a aplicação de uma corrente induz a migração iônica, talvez fosse possível transportar outros grupos oriundos de substâncias orgânicas, desde que suas moléculas apresentem polaridade. Na prática, esse processo realmente ocorre, e é chamado **eletroforese**. Essa tecnologia adicional é empregada na pesquisa em bioquímica, em processos de purificação de compostos orgânicos. Em particular, seu emprego mais nobre, que consiste em separar classes de compostos proteicos, auxiliou no processo de sequenciamento das bases nitrogenadas do DNA, durante a execução do projeto genoma.

Além das aplicações já mencionadas, tais como a galvanoplastia e a eletroforese, o processo eletrolítico é amplamente utilizado para produzir soda cáustica (NaOH - hidróxido de Sódio) e Cloro gasoso em cubas industriais, a partir de soluções salinas saturadas.

6.2 Polímeros condutores

Na seção anterior foi mencionado que uma cobertura de grafite é depositada sobre materiais que não conduzem eletricidade, a fim de viabilizar o processo de cromagem. Isto ocorre porque a cromagem não visa apenas proteger peças contra a oxidação, mas também conferir dureza e brilho metálico. Por esse motivo, diversos objetos de plástico recebem cobertura condutora. Contudo, essa aplicação específica levanta uma nova questão, desta vez quanto à condutividade dos materiais. Embora estejamos acostumados com o fato de que o grafite é bom condutor de corrente, sabemos também que os demais materiais condutores são tipicamente metálicos. Entretanto, o grafite nada mais é do que um arranjo de átomos de Carbono em forma de favos hexagonais planos, como mostra a figura 24. Uma vez que outros arranjos de átomos de Carbono, tais como o diamante e o carvão, não constituem materiais condutores, deve existir alguma similaridade entre as ligações covalentes existentes no grafite e as chamadas **ligações metálicas**. Essa similaridade consiste justamente no fato de que **a ligação metálica pode ser considerada não como um conjunto de elétrons livres, mas como uma grande nuvem pi que abrange toda a estrutura do metal**. Essa nuvem pi também está presente no retículo hexagonal plano do grafite. Assim, tal como ocorre em todos os materiais condutores, perturbações eletromagnéticas se propagam facilmente através da superfície do retículo, que se comporta basicamente como uma única grande molécula. Esse fato também justifica a elevada condutividade térmica do grafite. Basta considerar que a energia térmica, tal como a corrente elétrica, consiste também em radiação eletromagnética. Essas formas de radiação diferem apenas no espectro de frequência. As frequências típicas da corrente elétrica se encontram logo abaixo da banda das micro-ondas, enquanto a radiação térmica abrange as faixas do infravermelho e de parte do espectro da luz visível. Como consequência, qualquer material que seja bom condutor elétrico deve obrigatoriamente ser também condutor de calor.

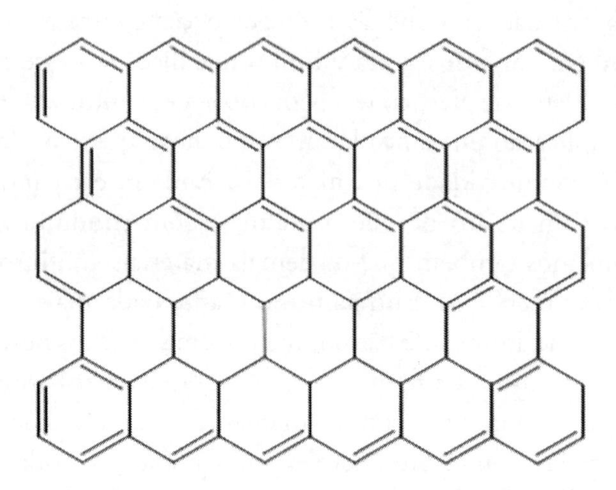

Figura 24: Arranjo hexagonal plano do grafite

Suponha-se que a condutividade do material fosse realmente justificada pela existência de uma grande nuvem pi distribuída de forma contínua ao longo de toda a extensão de uma peça macroscópica de grafite. Daí decorreria uma conclusão aparentemente questionável. Certos hidrocarbonetos poli-insaturados poderiam eventualmente ser bons condutores de calor e eletricidade, desde que as respectivas nuvens pi estivessem conectadas entre si. Assim, poderia eventualmente ser produzida uma única grande nuvem compartilhada. Essa hipótese foi confirmada em 1974, quando uma equipe de pesquisadores japoneses sintetizou, por engano, um polímero condutor hoje conhecido como **poliacetileno**. Esse material, que apresenta condutividade próxima à do Alumínio, possui a densidade típica de um plástico ordinário e não sofre oxidação – mesmo quando exposto a condições climáticas severas.

Depois da descoberta do poliacetileno, dois outros polímeros condutores foram sintetizados, desta vez com base em subsídios teóricos. A fim de esclarecer o motivo pelo qual é possível conceber novos polímeros condutores, basta analisar o primeiro deles, chamado **poliacetileno iodado**. Os halogênios de maior massa atômica (Bromo, Iodo e Astato) não são gases, e portanto possuem número de ligantes relativamente elevado. Assim, esses elementos são capazes de formar ligações covalentes das quais vários elétrons participam. O Astato é raro e também radioativo, de modo que deve ser descartado por uma questão de segurança e custo. Já o Iodo não apresenta maiores inconvenientes, além de possuir eletronegatividade próxima à do Carbono, e sete elétrons em seu nível mais energético. Desse modo, existe a possibilidade de que as nuvens eletrônicas do Iodo e do Carbono possam interagir formando ligações predominantemente covalentes, a ponto de produzir uma única nuvem contínua de alta densidade eletrônica ao longo de toda a cadeia polimérica.

O segundo polímero condutor mais conhecido, a polianilina (figura 25), possui uma estrutura na qual a nuvem é compartilhada de forma similar. A nuvem eletrônica desses compostos aromáticos tende a se distribuir de maneira uniforme ao longo da cadeia cíclica.

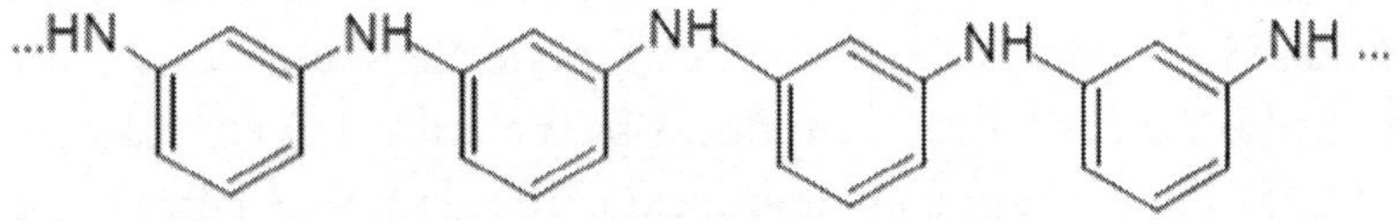

Figura 25: A polianilina reduzida

Note-se que essa tendência foi sugerida de forma indireta na simulação referente à estabilidade do Benzeno frente a um ataque nucleofílico por parte do Cl_2. Além disso, o grupo amino da anilina se composta essencialmente como doador de elétrons. Dessa forma, parece razoável esperar que a nuvem difusa do anel receba um reforço adicional, devido à migração de parte da nuvem do grupo amino.

Retornando às aplicações tecnológicas, a polianilina é utilizada em substituição de condutores convencionais, além de ser empregada como filme protetor contra oxidação e na elaboração de músculos artificiais para robôs de alta complexidade.

6.3 Catalisadores metálicos para processos industriais

Os catalisadores baseados em metais são amplamente utilizados na indústria petroquímica e de alimentos. O trietil-Alumínio foi empregado desde a década de 60 como catalisador em reações de polimerização, além do metil-aluminoxano (MAO) e os metalocenos de Cobre. Os haletos de alquil-Magnésio, também chamados compostos de Grignard, são usados em diversas sínteses orgânicas, enquanto a palha de Níquel é adicionada como catalisador aos óleos vegetais poli-insaturados para produzir margarinas via hidrogenação. Na reciclagem de óleos lubrificantes são utilizados óxidos Sílico-aluminosos para clarificação em reatores, nos quais circula vapor superaquecido. Tubulações de Ferro aquecido são utilizadas na trimerização do acetileno, uma antiga rota de síntese tradicionalmente utilizada na produção de Benzeno.

De maneira geral, os catalisadores metálicos atuam de forma análoga à apresentada no capítulo 2, referente a fundamentos de catálise. Os metais atraem fracamente os reatantes nucleofílicos à distância, formam um complexo ativado bastante instável, e finalmente perdem o grupo capturado para sítios nos quais o potencial possui maior inclinação local. Por possuir maior inclinação local, esses sítios exercem força atrativa maior do que a do catalisador que anteriormente os atraiu. Entretanto, esses mesmos sítios não são capazes de atrair grupos a grandes distâncias.

6.4 Capacitores e acumuladores baseados em materiais alternativos

Algumas polianilinas e derivados do grafeno, material obtido a partir de folhas muito delgadas de grafite, tem sido utilizados na fabricação de capacitores que operam com baixa tensão, em substituição às baterias convencionais. A baixa densidade desses materiais permite uma redução substancial na relação entre o peso total e a carga dos acumuladores construídos a partir desses materiais alternativos. O grafeno tem sido também explorado na fabricação de monitores leves, ainda em fase de teste, para substituir as tradicionais telas baseadas em LCD.

6.5 Limitações inerentes a abordagens qualitativas

Embora a abordagem conceitual adotada até então tenha se mostrado bem-sucedida no que diz respeito à descrição de certos processos químicos, existem diversas aplicações tecnológicas que foram descobertas por acidente. A partir de sua descoberta, muitas dessas aplicações permaneceram sem justificativas plausíveis, mesmo do ponto de vista qualitativo. Embora essas justificativas existam de fato no âmbito das equações diferenciais, não foram incorporadas à grade curricular de cursos regulares, por serem consideradas contra intuitivas *a priori*. Contudo, é possível refinar ainda mais a intuição geométrica já adquirida, desde que sejam tomados como pontos de partida alguns princípios quantitativos básicos. Princípios tais como leis de conservação, equações dinâmicas e identidades vetoriais, fornecem uma visão mais clara, profunda e unificada sobre os fenômenos que ocorrem durante o processo de rearranjo da nuvem eletrônica. Esse tema será abordado a seguir.

PARTE 2
MODELOS ATÔMICOS E EQUAÇÕES DIFERENCIAIS

CAPÍTULO 7

MODELANDO O REARRANJO DA NUVEM ELETRÔNICA

A dinâmica subjacente ao processo de rearranjo da nuvem eletrônica constitui o verdadeiro cerne da Química. Essa dinâmica pode ser absorvida de forma gradual e acessível, a exemplo do que ocorreu ao longo da abordagem qualitativa. Entretanto, é necessário que o leitor exercite de forma intensiva a interpretação geométrica da dinâmica inerente às equações diferenciais. Também é conveniente visualizar gráficos e animações produzidos por sistemas de simulação. As próximas seções são dedicadas à interpretação das equações diferenciais parciais que descrevem cenários em Fenômenos de Transporte, Eletromagnetismo e Física Quântica, a fim de preparar o leitor para compreender os modelos quânticos de Schrödinger, Dirac, Klein-Gordon e Lanczos.

7.1 Equações diferenciais – aspectos geométricos e fenomenológicos

O estudo das equações diferenciais parciais pode ser iniciado por uma análise preliminar de perfis de temperatura em meio sólido. Vamos analisar o comportamento dinâmico da equação de condução de calor unidimensional em regime transiente, definida como

$$\frac{\partial f}{\partial t} = \propto \frac{\partial^2 f}{\partial x^2} \quad (7.1)$$

Nesta equação, *f(x,t)* representa a temperatura, x a coordenada longitudinal de uma haste fina, t é o tempo e $\propto$ é a difusividade térmica do material que constitui a haste. Nesta análise preliminar, $\propto$ pode ser considerada uma constante positiva. A evolução temporal do perfil de temperaturas pode ser facilmente assimilada por inspeção direta, a partir do respectivo estado inicial. Basta lembrar que derivadas de primeira ordem representam inclinações locais, enquanto derivadas de segunda ordem medem concavidades. Assim, a equação (7.1) informa que a taxa com a qual a temperatura varia no tempo é proporcional à sua concavidade local. Por exemplo, nas proximidades de um máximo local, o perfil pode ser aproximado localmente por uma parábola ($f \sim a(t)x^2+b(t)x+c(t)$) cujo coeficiente *a* é negativo. Ao derivar duas vezes a expressão, obtém-se a concavidade da curva ($f'' \sim 2a(t)$). Como a concavidade local é negativa, a temperatura local deve decrescer. De forma análoga, nas proximidades de mínimos locais, onde a concavidade é positiva, a temperatura deve subir. Assim, nos pontos de inflexão, onde o perfil local é próximo de uma reta, porque a=0, a temperatura não deve variar. As figuras 26 e 27 mostram o processo de evolução de um perfil típico de temperaturas, no qual máximos e mínimos locais são atenuados ao longo do tempo, resultando em uma progressiva regularização da curva. O processo de regularização é característico das equações diferenciais puramente **difusivas**, como o modelo (7.1). Essa designação (difusiva) remete a problemas de propagação de poluentes em meios estagnados, nos quais ocorre o despejo de uma substância concentrada em um lago que não apresenta correnteza. Neste caso, o modelo é análogo à equação (7.1) e, portanto, possui o mesmo comportamento dinâmico. Assim, pode-se considerar que as figuras 26 a 28 mostram um cenário análogo ao descrito pela evolução de um perfil de concentração de poluentes, a partir do lançamento de uma carga concentrada. A carga lançada é representada por um perfil afilado (figura 26), centrado na origem.

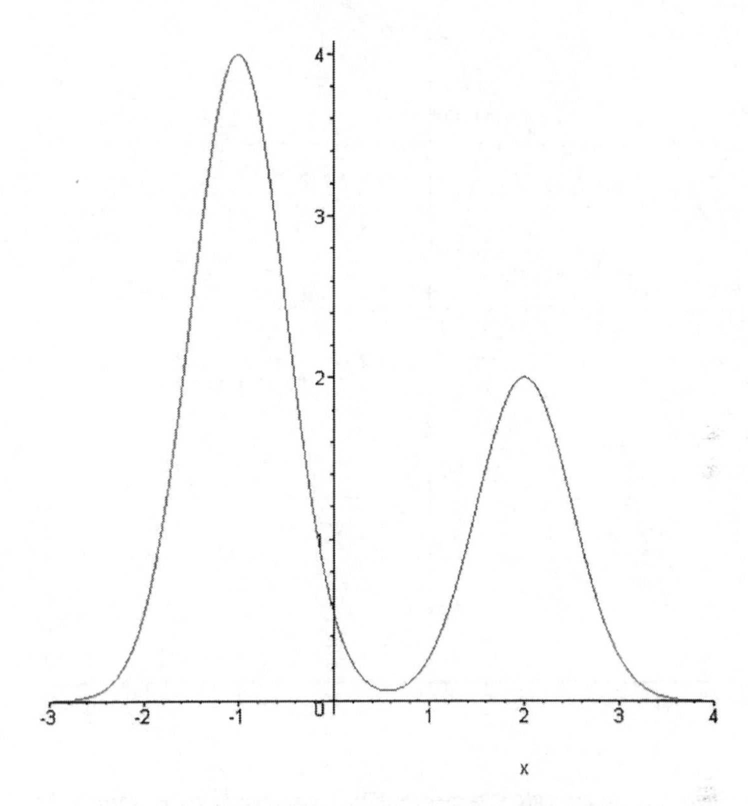

Figura 26: Perfil inicial de concentrações

Nas figuras 27 e 28, os pontos críticos passam a se atenuar, de modo que juntos aos máximos locais a concentração diminui, enquanto nas vizinhanças dos mínimos locais a amplitude aumenta. Nos pontos de inflexão, por sua vez, a função permanece inalterada. Essa dinâmica evolutiva é chamada regularizadora ou difusiva.

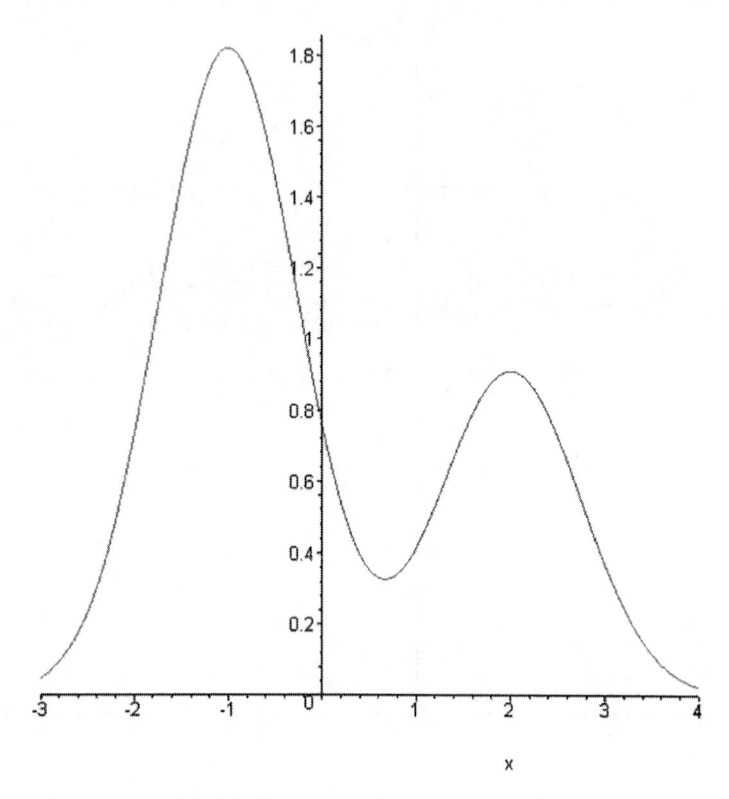

Figura 27: A amplitude diminui junto aos máximos enquanto aumenta próximo aos mínimos

Uma vez assimilada de forma intuitiva a dinâmica de um processo difusivo, torna-se possível compreender de forma preliminar o processo de evolução temporal da nuvem eletrônica durante as reações químicas. Para tanto, será efetuada a análise de um modelo não-linear que está indiretamente relacionado à equação de Schrödinger dependente do tempo, usualmente empregada para descrever o processo de rearranjo da nuvem eletrônica. Nesse modelo auxiliar, definido como

$$\frac{\partial V}{\partial t} = \frac{V^2}{2} - \propto \frac{\partial^2 V}{\partial x^2} \quad , \qquad (7.2)$$

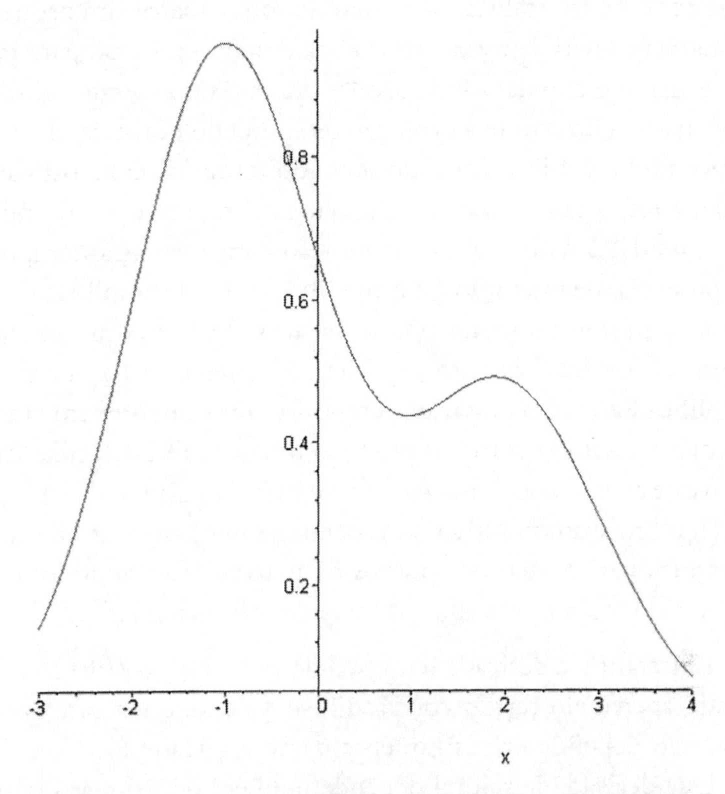

Figura 28: O processo continua, até que os pontos críticos desapareçam

a presença do termo quadrático no potencial de interação (V) torna sua dinâmica semelhante ao processo descrito na seção 4, relativo à formação de uma ligação iônica. Nesse exemplo específico, o poço de potencial do átomo doador de elétrons parece 'verter' parte de seu conteúdo para o poço atrativo mais profundo do átomo aceptor de elétrons. Em outras palavras, esse processo parece ocorrer como se um fluido escoasse entre duas bexigas de borracha que se comunicam entre si. Essa descrição simplificada é até certo ponto realista, necessitando sofrer apenas um pequeno refinamento para se tornar mais clara e rigorosa. Basta, para tanto, avaliar o efeito das duas parcelas presentes no membro direito da equação (7.2) sobre a evolução temporal do potencial de interação. Embora a influência do segundo termo já tenha sido avaliada, é importante observar que seu sinal figura invertido nesse novo modelo. Assim, sua contribuição para a variação temporal do potencial de interação é contra difusiva, isto é, amplifica localmente a função junto aos pontos críticos. Mais especificamente, tanto os "morros" quanto os "buracos" presentes na curva são amplificados com o passar do tempo, ao invés de sofrerem amortecimento, como ocorre no processo difusivo. Dessa forma, caso houvesse apenas a segunda parcela no membro direito da equação (7.2), o processo evolutivo do potencial V seria descrito por uma dinâmica para a qual nos pontos de máximo e mínimo locais o potencial seria amplificado, ao invés de sofrer atenuação.

Entretanto, a derivada temporal do potencial (dV/dt) não depende apenas do termo contra difusivo de segunda ordem, ou seja, não depende exclusivamente da concavidade local da curva. Essa derivada temporal depende também do primeiro termo do membro direito: a parcela quadrática. Para valores baixos do potencial, essa parcela é desprezível, uma vez que o quadrado de um número pequeno resulta em outro valor ainda menor. Entretanto, quando o módulo da amplitude se torna significativo, essa parcela atenua a profundidade dos poços de potencial. Essa ação impede que o poço atrativo do átomo aceptor de elétrons seja amplificado indefinidamente, fazendo com que atinja um valor de saturação. Em termos mais específicos, quando a profundidade do poço atinge um valor igual ao de sua concavidade local, o membro direito se anula, e consequentemente o potencial passa a estabilizar, não mais variando com o tempo. Assim, ao considerar a presença das duas parcelas que se contrapõem mutuamente, a evolução temporal do potencial atinge um estado estacionário.

É importante observar que nessa equação diferencial não existem efeitos translacionais, de modo que esse modelo não contempla um efeito crucial que ocorre durante o processo reativo. O movimento relativo entre átomos, que faz os poços se atraírem ou se distanciarem mutuamente, ainda não está sendo considerado nesta análise preliminar. Felizmente, o rearranjo da nuvem eletrônica ocorre em uma escala de tempo muito inferior à do deslocamento relativo entre os núcleos dos átomos participantes da interação. Isso ocorre porque os núcleos são muito mais pesados do que os elétrons, de modo que a nuvem eletrônica se rearranja muito mais rapidamente do que os núcleos dos átomos se deslocam.

Esse cenário pode ser descrito de forma bastante simples, ao imaginar que a eletrosfera se comporta como um gás formado por partículas de carga negativa. Naturalmente, esse gás pode se movimentar rapidamente em direção aos núcleos dos átomos que possuem blindagem eletrônica deficiente, isto é, núcleos cuja própria nuvem eletrônica é pouco densa em alguns setores angulares. Esses núcleos expostos atraem as nuvens eletrônicas de seus vizinhos, que migram em alta velocidade na sua direção. Dessa forma, é possível simular os processos reativos em duas etapas. A primeira consiste em avaliar a dinâmica do processo de rearranjo, considerando os núcleos fixos no espaço. A segunda consiste em efetuar deslocamentos infinitesimais sobre os núcleos, na direção de maior densidade eletrônica, ou seja, na direção contrária à do gradiente do potencial de interação. Essa segunda etapa corresponde a um modelo clássico, no qual a nuvem em sua configuração atual exerce uma força atrativa sobre os núcleos. A situação é análoga a abandonar bolas de futebol em um terreno montanhoso. Essas esferas tendem a tomar o caminho descendente de maior inclinação local, isto é, tendem a descer as montanhas na direção de maior declividade (maior gradiente local). Entretanto, ao percorrer uma distância muito pequena, sua massa elevada deforma rapidamente o relevo da cadeia de montanhas, que imediatamente passa a apresentar outra configuração topográfica. Assim, a cada pequeno passo que uma bola percorre, o terreno montanhoso se altera significativamente, mudando a direção que essa esfera irá percorrer a seguir.

A descrição desse processo iterativo, no qual o rearranjo da nuvem eletrônica é reavaliado a cada pequeno passo que os núcleos percorrem, tem origem na aproximação de Born-Oppenheimer, uma hipótese fundamental da Química Quântica – disciplina que consiste na aplicação de princípios de Física Quântica tanto na estimação de propriedades moleculares quanto na análise de processos químicos. Essa aproximação é bastante acurada, levando em consideração que a velocidade de deslocamento dos núcleos é de fato uma etapa extremamente lenta do processo reativo. Essa etapa ocorre tipicamente na escala de milissegundos, enquanto o rearranjo da nuvem eletrônica ocorre em uma escala da ordem de nanossegundos.

Na prática, existe nas reações químicas uma etapa ainda mais lenta, que rege a cinética dos processos reativos. Essa etapa consiste na contradifusão dos produtos. Cada vez que os reatantes colidem e reagem entre si, os respectivos produtos de reação vão progressivamente se acumulando no sistema. Ao se acumular, esses produtos atuam como obstáculos, dificultando cada vez mais o encontro de novas moléculas de reatantes. Essa é a razão pela qual até mesmo reações altamente irreversíveis podem demorar horas ou até mesmo dias para ocorrer: os produtos precisam ser removidos para que as moléculas dos reatantes continuem colidindo e reagindo entre si. Entretanto, essa etapa limitante da cinética química é descrita por modelos advectivo-difusivos em Fenômenos de Transporte, que estão fora do escopo desta análise preliminar. Esse tema será retomado na próxima seção e no capítulo 11, que discute estratégias para a elaboração de sistemas de simulação molecular.

7.2 Generalizando a noção de movimento

As equações diferenciais advectivas são modelos na forma

$$\frac{\partial f}{\partial t} + u\frac{\partial f}{\partial x} = 0 \tag{7.3}$$

Esses modelos descrevem, por exemplo, a translação de manchas de poluentes ao longo da correnteza de rios. Considerando que a velocidade u é localmente constante, uma análise de natureza mecanicista mostra de imediato que a cada intervalo de tempo dt a função f sofre pequenas translações, sofrendo também mudanças locais na direção de sua trajetória. Para tanto, basta substituir a função $a(x\text{-}ut)$ em (7.3), e verificar que a equação é identicamente satisfeita. Em outras palavras, qualquer função do argumento $x\text{-}ut$ é solução exata da equação. Entretanto, se u for dependente das coordenadas espaciais, a função $a(x\text{-}ut)$ deixa de ser solução. As novas soluções exatas passam a ter outro formato, devendo ser reinterpretadas de forma radicalmente diferente. Essa reinterpretação produz uma nova intuição geométrica sobre deslocamentos aparentes e interação entre campos. Os primeiros passos nessa direção consistem em estudar o comportamento de soluções da equação advectiva para componentes de velocidade puramente imaginárias, e em seguida reexaminar um postulado básico da Mecânica Quântica.

7.2.1 Uma extensão natural do conceito de velocidade

Quando a velocidade u na equação (7.3) assume valores puramente imaginários, a respectiva solução sofre mudanças locais de amplitude, produzindo pontos críticos (picos e vales), tal como no processo de contradifusão, já discutido anteriormente. Consequentemente, a presença de partes real e imaginária na equação advectiva produz efeitos que extrapolam nossa noção convencional de movimento, abarcando outros eventos como formação e ruptura de ligações. A fim de discutir esse tópico de forma mais detalhada, é preciso revisitar uma premissa usualmente aceita na Mecânica Quântica: a de que as equações a resolver são lineares e que podem ser tratados como problemas de autovalores e autofunções.

7.2.2 A pressuposta linearidade do operador Hamiltoniano

Quando se assume que o operador Hamiltoniano é linear, está implícita a hipótese de que o potencial de interação não depende da função de onda. Entretanto, para problemas envolvendo reações químicas, essa hipótese descarta totalmente o rearranjo da nuvem eletrônica durante o processo reativo. Durante o rearranjo, tanto a configuração espacial das forças de repulsão entre nuvens de átomos vizinhos quanto a das forças atrativas entre núcleos e eletrosferas se alteram ao longo do tempo. Para alterar o formato da nuvem, é preciso modificar a distribuição espacial de densidade eletrônica, que depende da própria função de onda. Em resumo, o potencial de interação depende essencialmente da função de onda, e assim os termos de ordem zero em qualquer modelo quântico resultam não-lineares. Como exemplo, considerando que o potencial coulombiano $V=V(\varphi)$, isto é, que V

depende da função de onda, o produto $V\varphi$ presente na equação de Schrödinger é claramente não-linear. Assim, para processos reativos, não é possível simplesmente prescrever o formato do potencial, e em seguida resolver a equação de Schrödinger a fim de obter a função de onda, como ocorre nos métodos *ab-initio* convencionais. Seria possível prescrever o potencial no início do processo, ou seja, para $t=0$, uma vez que V é realmente conhecido apenas nesse instante. Em seguida, seria necessário resolver a equação de Schrödinger independente do tempo para determinar a respectiva função de onda no tempo t=0. A partir dessa função de onda para t=0 seria possível então prescrever uma condição inicial para a equação de Schrödinger dependente do tempo. Esse modelo transiente seria então resolvido a fim de avaliar a evolução temporal da função de onda. Ocorre que esse processo ainda é computacionalmente inviável, pois o tempo de processamento requerido para obter soluções transientes resultaria extremamente elevado, como já discutido na seção 7.1. Esta é a razão pela qual as formulações LCAO-MO são utilizadas tradicionalmente para estimar propriedades físicas, mas não para simular reações químicas.

Retornando agora ao processo de generalização do conceito de movimento, iniciado na seção 7.2, torna-se aparente a necessidade de considerar que as componentes de velocidade do modelo advectivo (7.3) possuam componentes imaginárias. Isto ocorre precisamente no modelo de Dirac, razão pela qual o tema já havia sido previamente discutido em caráter preliminar. Nas equações de Dirac, definidas por

$$i\frac{\partial \Psi_0}{\partial t} + (eA_0 + m)\Psi_0 = i\left(\frac{\partial \Psi_3}{\partial x} - i\frac{\partial \Psi_3}{\partial y} + \frac{\partial \Psi_2}{\partial z}\right) \quad (7.4)$$

$$i\frac{\partial \Psi_1}{\partial t} + (eA_1 + m)\Psi_1 = i\left(\frac{\partial \Psi_2}{\partial x} + i\frac{\partial \Psi_2}{\partial y} + \frac{\partial \Psi_3}{\partial z}\right) \quad (7.5)$$

$$i\frac{\partial \Psi_2}{\partial t}+\left(eA_2+m\right)\Psi_2=i\left(\frac{\partial \Psi_1}{\partial x}-i\frac{\partial \Psi_1}{\partial y}+\frac{\partial \Psi_0}{\partial z}\right) \quad (7.6)$$

$$i\frac{\partial \Psi_3}{\partial t}+\left(eA_3+m\right)\Psi_3=i\left(\frac{\partial \Psi_1}{\partial x}+i\frac{\partial \Psi_0}{\partial y}+\frac{\partial \Psi_1}{\partial z}\right) \quad (7.7)$$

as componentes generalizadas de velocidade não apenas possuem parcelas imaginárias, mas o potencial vetorial de Maxwell representa um campo que pode ser interpretado como a "distribuição bosônica" de velocidades.

As parcelas reais e imaginárias presentes no campo de velocidades das equações de Dirac produzem não apenas pontos críticos que sofrem translação, mas também uma forma oscilante de movimento, denominada **zitterbewegung** (movimento trêmulo), que produz as estruturas canônicas de ressonância. Já a presença de termos de ordem zero, que contém o potencial de Maxwell, fornece uma informação de uma riqueza fenomenológica ainda maior. Esse tema, que será abordado em maior detalhe no próximo capítulo, surge ao considerar que o modelo eletromagnético formado pelas equações de Maxwell, além da definição da força de Lorentz, pode ser considerado como a descrição de um escoamento compressível. Essa interpretação hidrodinâmica da teoria eletromagnética constitui uma extensão muito elucidativa da tradicional analogia hidráulica utilizada em circuitos elétricos, e será apresentada no capítulo 9. A fim de introduzir esse tema é preciso adquirir certa familiaridade com problemas em Fenômenos de Transporte, que trata especificamente de modelos de propagação de calor, transferência de massa e Mecânica de Fluidos. O próximo capítulo apresenta o tema de forma rápida e objetiva, estabelecendo uma conexão relevante entre os modelos quânticos e a equação que descreve o processo de propagação de poluentes em meio aquático. Essa conexão permite ao leitor compreender que não é necessário recorrer a termos como "ação à distância" ao tentar elucidar a natureza dos potenciais de interação. Basta compreender a noção de campo, estudando fenômenos tais como a difusão e a advecção (transporte por correntezas). Ao visualizar os fenômenos estudados e gradualmente associá-los aos termos presentes nas equações diferenciais que os descrevem, o leitor desenvolverá uma conexão cada vez mais clara e completa entre o formalismo matemático e a fenomenologia correspondente.

A fim de iniciar o processo de integração entre os pontos de vista formal e fenomenológico, considere-se o que ocorre com a equação advectiva (7.3) quando é derivada em relação a x. Dessa operação resulta

$$\frac{\partial^2 f}{\partial t \partial x} + \frac{\partial u}{\partial x}\frac{\partial f}{\partial x} + u\frac{\partial^2 f}{\partial x^2} = 0 \cdot \qquad (7.8)$$

Observa-se que o modelo resultante, de segunda ordem, possui um termo semelhante ao difusivo. Quando *u* é constante, o segundo termo resulta nulo, e a equação se reduz a

$$\frac{\partial^2 f}{\partial t \partial x} + u\frac{\partial^2 f}{\partial x^2} = 0 \cdot \qquad (7.9)$$

Assim, caso a equação (7.3) contivesse um coeficiente de difusão ($\propto$) ao invés de uma componente de velocidade na direção x, o segundo termo de (7.9) representaria de fato uma parcela responsável pelo processo de difusão. Em termos práticos, a segunda parcela seria responsável, por exemplo, pela mistura de um poluente com a água do rio no qual fosse lançado. Assim, poderia surgir a suspeita de que o coeficiente de difusão e a velocidade de propagação advectiva pudessem estar correlacionados, ao menos de forma indireta. Neste ponto surge uma conexão importante entre um campo escalar, chamado difusividade, e um campo vetorial, denominado velocidade. Este será o ponto de partida para compreender a natureza dos potenciais de interação.

7.3 A origem do processo difusivo

Quando um poluente é lançado em um lago ou qualquer outro corpo hídrico estagnado, forma uma mancha que vai gradualmente expandindo ao longo do tempo. Essa expansão ocorre de forma isotrópica, isto é, com igual intensidade em todas as direções. Caso o poluente seja um corante, é possível identificar seu grau de diluição em diferentes pontos da mancha. O poluente se mostrará mais concentrado no centro do despejo, onde sua cor se apresenta mais intensa, sofrendo maior diluição à medida que se tomam pontos progressivamente mais afastados do ponto central. Isto ocorre porque, embora a água se mostre um fluido estagnado em escala macroscópica, suas moléculas podem possuir velocidade. Desde o campo de escoamento aponte em diferentes direções para pontos muito próximos, ou seja, que mesmo para moléculas vizinhas o vetor velocidade aponte em direções bastante distintas, não será verificada qualquer forma macroscópica de movimento que caracterize advecção. Assim, basta que as componentes de velocidade nas direções x, y e z, denominadas respectivamente u, v e w, flutuem de forma aparentemente aleatória. A causa primária da existência desse campo flutuante de velocidades é a incidência de radiação solar sobre as moléculas. Ao incidir sobre os átomos, a radiação provoca mudanças no formato das nuvens eletrônicas das moléculas. Essas mudanças provocam repulsão eletromagnética, que as coloca em movimento decoerente, ou seja, impulsionam cada molécula em uma direção diferente, produzindo o chamado **movimento browniano**. Uma vez em movimento, as moléculas colidem entre si, preservando a aleatoriedade das trajetórias.

A difusão nada mais é do que o efeito macroscópico resultante da presença dessas componentes flutuantes de velocidade. Quando um poluente é lançado em um rio que possui correnteza bem definida, cada componente de velocidade pode ser expressa como a soma de uma parcela média (advectiva) e uma parcela flutuante (difusiva):

$$u = \bar{u} + u' \tag{7.10}$$

$$v = \bar{v} + v' \tag{7.11}$$

$$w = \bar{w} + w' \tag{7.12}$$

Quando as componentes médias possuem valor elevado, definindo uma correnteza mais rápida, as colisões se intensificam, amplificando as componentes flutuantes que já existiam, mas não se manifestavam de forma claramente visível. Essa amplificação das componentes flutuantes é reconhecida como turbulência. A turbulência produz efeitos visíveis em macro escala, tais como a mudança da resistência aerodinâmica e a intensificação da difusão. Por essa razão se diz que a turbulência promove uma melhor mistura entre soluto e solvente.

Em síntese, o fenômeno da difusão representa uma forma particular de advecção, na qual as componentes de velocidade flutuam de forma aleatória. Uma vez que as equações puramente difusivas possuem derivadas espaciais de segunda ordem, enquanto as equações advectivas contêm apenas derivadas de primeira ordem, é possível deduzir equações de primeira ordem que descrevem ambos os fenômenos simultaneamente.

Estamos agora em posição de estabelecer uma ampla analogia entre modelos quânticos e Fenômenos de Transporte. Trata-se de uma extensão natural da analogia tradicionalmente utilizada para comparar circuitos elétricos e hidráulicos. Nessa analogia, onde a tensão corresponde à pressão e a corrente está associada à vazão, existe uma lacuna lógica. Ao preencher essa lacuna, surge uma explicação concreta sobre os mecanismos que regem a dinâmica do processo de rearranjo da nuvem eletrônica.

CAPÍTULO 8

EQUAÇÕES ADVECTIVO DIFUSIVAS E MODELOS EM MICROESCALA

No capítulo anterior foi generalizada a noção de movimento nas equações diferenciais puramente advectivas. Essa generalização consistiu no emprego de campos de velocidade variáveis contendo, inclusive, parcelas imaginárias. Neste capítulo, essas equações são acrescidas de termos difusivos, resultando nos chamados modelos advectivo-difusivos, que são amplamente utilizados na simulação do processo de propagação de poluentes na atmosfera e em meio aquático. Esse modelo será empregado para construir uma analogia entre a propagação de poluentes e o rearranjo da nuvem eletrônica, que ocorre ao longo dos processos reativos.

8.1 Modelos advectivo-difusivos

A equação advectivo-difusiva tridimensional em regime transiente, definida como

$$\partial_t \mathrm{C} + u\,\partial_x \mathrm{C} + \mathrm{v}\,\partial_y \mathrm{C} + \mathrm{w}\,\partial_z \mathrm{C} + \mathrm{k}\,\mathrm{C} = \mathrm{D}\left(\partial_{xx}\mathrm{C} + \partial_{yy}\mathrm{C} + \partial_{zz}\mathrm{C}\right), \qquad (8.1)$$

constitui o modelo usualmente empregado em problemas ambientais relacionados a acidentes com cargas tóxicas no transporte hidroviário de produtos químicos. Quando um navio cargueiro transporta determinados compostos ao longo de rios, lagos e oceanos, estes podem vazar para o corpo hídrico por se formarem fissuras no casco do navio, ou por ocasião da transferência da carga para outra embarcação. Em ambos os casos podem ser produzidas manchas de poluente, cuja concentração localmente variável é representada por C na equação (8.1). Essa mancha se desloca ao longo da correnteza, cujas componentes do respectivo vetor velocidade são dadas por u, v e w, que atuam, respectivamente nas direções x, y e z. Além de transladar seguindo a direção da corrente, a mancha também dilui, propagando-se por difusão (cujo coeficiente difusivo é D), e sua concentração decai por evaporação ou transformação em outro composto. Neste caso, o fator k denota a constante de velocidade da reação de transformação ou o coeficiente de película por evaporação. Quando as componentes de velocidade não variam significativamente com o tempo, essa equação pode ser decomposta em um sistema auxiliar no qual a cinética de transformação do poluente ou sua retirada por evaporação pode ser desacoplada do chamado modelo de transporte, gerando o seguinte sistema de equações auxiliares:

$$u\partial_x \mathrm{C} + \mathrm{v}\,\partial_y \mathrm{C} + \mathrm{w}\,\partial_z \mathrm{C} = \mathrm{D}\left(\partial_{xx}\mathrm{C} + \partial_{yy}\mathrm{C} + \partial_{zz}\mathrm{C}\right), \qquad (8.2)$$

$$\partial_t \mathrm{C} + \mathrm{k}\,\mathrm{C} = 0. \qquad (8.3)$$

A equação (8.3) tem solução imediata, enquanto (8.2) requer um tratamento mais elaborado para a obtenção de soluções exatas. Esse tratamento consiste na redução de ordem (fatoração) da equação, tema introduzido no capítulo 7 de forma inversa, ao derivar uma equação advectiva, de primeira ordem, obtendo um modelo difusivo (de segunda ordem). Esse capítulo mostra a equivalência entre modelos de primeira e segunda ordem em um sentido bastante específico, que será generalizado a seguir. O processo inicia ao imaginar que a equação (8.2) resulta da aplicação do operador divergente sobre o seguinte sistema de equações de primeira ordem:

$$\mathrm{u}\,\mathrm{C} = D\partial_x \mathrm{C} + \partial_y \mathrm{h} - \partial_z \mathrm{g}, \qquad (8.4)$$

$$\mathrm{v}\,\mathrm{C} = D\partial_y \mathrm{C} + \partial_y f - \partial_x \mathrm{h}\ , \qquad (8.5)$$

$$\mathrm{w}\,\mathrm{C} = D\partial_z \mathrm{C} + \partial_x \mathrm{g} - \partial_y f\ . \qquad (8.6)$$

Esse sistema pode ser expresso na forma vetorial como

$$\mathrm{U}\,\mathrm{C} = \mathrm{D}\ \nabla \mathrm{C} + \nabla \mathrm{x} \mathrm{F}\ . \qquad (8.7)$$

Nesta equação, $U = (u, v, w)$, que representa o vetor velocidade, e $F = (f, g, h)$ é o campo vetorial arbitrário, cujo rotacional está presente no membro direito do sistema formado pelas equações (8.4) a (8.6). A fim de aplicar o operador divergente sobre o sistema (8.4)-(8.6), basta derivar a primeira equação em relação a x, a segunda em relação a y e a terceira em z, somando em seguida os termos obtidos. Dessa operação resulta a equação (8.2), onde as funções arbitrárias que formam o campo vetorial F desaparecem. Isto ocorre porque as derivadas cruzadas obtidas ao derivar as equações se anulam mutuamente ao somar os resultados. Assim, o operador divergente anula o campo formado pelas derivadas das funções f, g e h:

$$(\partial_x, \partial_y, \partial_z).\left(\partial_y \mathrm{h} - \partial_z \mathrm{g}, \partial_y f - \partial_x \mathrm{h},\ \partial_x \mathrm{g} - \partial_y f\right) = 0\ . \qquad (8.8)$$

Como o segundo fator na multiplicação escalar representa o rotacional do campo *(f, g, h)*, essa equação pode ser expressa em notação mais compacta como

$$\nabla.\nabla xF = 0\ . \qquad (8.9)$$

Onde, como já mencionado, o campo vetorial *(f, g, h)* é denotado por *F*. Uma vez que as componentes do campo *F* não foram especificadas, isto é, que as funções f, g e h são arbitrárias, o divergente do rotacional de qualquer campo é nulo. Em outras palavras, a equação (8.8) se reduz à identidade $\nabla.\nabla xF \equiv 0$, de modo que *F* pode ser eliminado dessa expressão. Isto significa que (8.9) passa então a constituir uma relação entre operadores:

$$\nabla.\nabla x = 0\ . \qquad (8.10)$$

Esta e outras relações entre operadores diferenciais serão utilizadas de forma recorrente a partir deste ponto, a fim de demonstrar que tanto o Eletromagnetismo quanto a Mecânica Quântica podem ser considerados casos particulares de um modelo hidrodinâmico generalizado. Esse modelo vai dispensar o conceito de ação à distância, substituindo as aparentes interações entre partículas por um conceito bastante concreto em Fenômenos de Transporte: o conceito de campo de velocidades. Mais especificamente, as interações eletromagnéticas serão reinterpretadas como manifestações locais de um campo de velocidades bifásico em quatro dimensões.

8.2 Formas fatoradas para a equação de Klein-Gordon

O interesse do químico por modelos relativistas parece, a princípio, não possuir um propósito claro, uma vez que as energias envolvidas nos processos reativos são muito pequenas em comparação com a liberada nas reações nucleares. Entretanto, convém lembrar que a energia produzida por qualquer reação é gerada por aniquilação de massa. No caso específico das reações químicas, a redução de massa ocorre na eletrosfera, onde mesmo a liberação de pequenas quantidades de energia implica em alterações significativas na conformação da nuvem eletrônica. Essas alterações são de fato o principal objeto de estudo das reações químicas, pois permitem estimar quais ligações são enfraquecidas, fortalecidas formadas ou rompidas durante o processo reativo. À primeira vista, pode parecer então que o melhor modelo para estudar as alterações na conformação da nuvem sejam as equações de Dirac. Entretanto, por motivos relacionados ao desempenho computacional dos códigos-fonte correspondentes, é mais vantajoso buscar novas formas de fatoração para a equação de Klein-Gordon do que procurar soluções exatas e semi-analíticas para o modelo de Dirac. Esses motivos serão discutidos em maior detalhe na terceira parte do texto, que trata de tópicos avançados.

A forma mais simples de fatoração da equação de Klein-Gordon é um modelo advectivo-difusivo semelhante ao formado pelas equações (8.4) a (8.6), onde a função de onda é ainda escalar. Esse modelo é definido como

$$k\,\nabla\varphi = X\,\varphi\,. \qquad (8.11)$$

Neste sistema de equações k é uma constante multiplicativa, é a função de onda escalar e X representa um campo ainda desconhecido, expresso na forma de um quadrivetor a determinar. Além disso, o gradiente possui 4 componentes, incluindo a componente zero, definida como i ∂_t, onde i denota a unidade imaginária. Aplicando o divergente em 4 dimensões sobre a equação (8.11) resulta

$$k\,\nabla^2\varphi = (\nabla.X)\varphi + X\,.\nabla\varphi \tag{8.12}$$

A generalização do operador Laplaciano em (8.12) coincide com o operador D'Alembertiano para k=-1. Efetuando essa substituição, e substituindo também (8.11) no segundo termo de (8.12), é produzida uma equação análoga à de Klein-Gordon. Para tanto, devem ser efetuadas as seguintes identificações:

$$\nabla.X = V \tag{8.13}$$

e

$$X.X = m^2 \tag{8.14}$$

O termo massivo deve de fato ser representado por um produto escalar. Contudo, a principal informação a interpretar tem origem na equação (8.13). Essa equação sugere que possa haver uma relação simples entre o quadrivetor *X* e o potencial de Maxwell. Isto pode ser verificado ao adotar o calibre de Lorentz e derivar a equação (8.13) em relação ao tempo. Intuitivamente, infere-se que o trivetor *A* deve corresponder à derivada temporal de *X*, mas não existe ainda uma prova formal de que isto de fato seja verdade. Pode-se então supor que isto realmente ocorra, a fim de explorar as consequências lógicas dessa premissa. Assim, fazendo

$$\nabla.\partial_t X = \nabla.A \quad , \tag{8.15}$$

E empregando o pelo calibre de Lorentz, resulta

$$\nabla . A = -\partial_t A^0 = -\partial_t V \ . \qquad (8.16)$$

O calibre de Lorentz constitui uma forma particular de equação da continuidade, para a qual o potencial de Maxwell pode ser comparado a um campo de velocidades em um escoamento compressível, sendo que sua componente zero corresponde a uma medida de densidade. Ao empregar essa lei de conservação, conclui-se que o campo X e a componente zero do potencial vetorial de Maxwell resultam relacionados por

$$\partial_t \nabla . X = -\partial_t V \ . \qquad (8.17)$$

Isto implica que o divergente de X e o potencial Coulombiano diferem por um campo estacionário:

$$\nabla . X = -V + \aleph \ (x,y,z) \ . \qquad (8.18)$$

Esse campo independente do tempo pode ser interpretado como o potencial de calibre, que consiste em uma solução arbitrária da equação de Laplace. Essa função harmônica exerce um papel fundamental na catálise de reações químicas, representando a radiação envoltória que interage com as moléculas do meio reativo.

Em resumo, ao supor que a derivada temporal de X resulte realmente no potencial quadrivetor de Maxwell, conclui-se que o divergente desse campo desconhecido resulte no potencial total de interação. Esse potencial total é uma medida indireta da densidade eletrônica, que leva em conta inclusive a contribuição da radiação incidente sobre o meio reativo. Isto levanta a suspeita de que X represente um vetor posição bosônico, que deve ter caráter difuso. Esta ideia justifica de forma satisfatória a regra da "substituição mínima", cuja interpretação se torna, assim, bastante concreta: a quantidade de movimento do elétron deveria ser acrescida de um termo extra (o produto qA). Este termo corresponde à parcela bosônica da quantidade de movimento, isto é, a contribuição dos fótons responsáveis pela interação eletromagnética. Dessa forma, a quantidade de movimento total seria definida da seguinte maneira:

$$p = mv + qA = m\partial_t x + q\partial_t X \quad . \qquad (8.19)$$

Esta expressão constitui um forte indício de que o campo eletromagnético pode ser interpretado como um escoamento bifásico no qual os elétrons (férmions) não se deslocam de forma solidária aos fótons (bósons), que representam um fluido compressível (pelo calibre de Lorentz). Em particular, ao interagir com o fluido, os corpos submersos "sólidos" representados pelos elétrons, formam uma estrutura análoga à de uma esteira de vórtices: a nuvem eletrônica. No interior dessa esteira é possível identificar regiões nas quais o potencial de interação é alto, enquanto no exterior a energia cinética corresponde à parcela dominante no cálculo da energia total. Nesse modelo, o termo massivo também corresponde a uma forma de energia potencial. A exemplo do que ocorre na esteira de vórtices que define a região na qual o potencial é alto, o que chamamos massa também pode ser considerada uma forma de energia cinética confinada em pequenas regiões do espaço, através de movimentos de natureza vorticial.

Essa conclusão gera implicações interessantes, que serão exploradas com o objetivo de preparar o leitor para a terceira parte do texto. Em primeiro lugar, a interpretação de argumentos considerados matemáticos levou à constatação de que a energia potencial nada mais representa do que movimento vorticial, confinado em certas regiões do espaço. Em segundo lugar, embora a ideia tenha sido originada a partir de argumentos puramente matemáticos, é possível traduzi-la de forma bastante acessível para uma linguagem concreta. A situação pode ser elucidada ao imaginar um automóvel que possui freios regenerativos mecânicos. Esses freios transferem a energia translacional do veículo para volantes que giram em determinada velocidade angular.

Imagine-se que um mecânico projetou e instalou um freio regenerativo mecânico em seu carro na década de 50. Nessa época o público em geral não tinha notícia deste tipo de freio. Então, do ponto de vista da maioria, ao acionar o freio a energia cinética do carro seria convertida em uma forma de energia que poderia ser considerada potencial. Isto ocorre porque os pedestres localizados na calçada da rua por onde o carro se desloca não poderiam justificar o seguinte fato, estranho à sua experiência diária. Cada vez que o veículo parasse em um semáforo, seria capaz de arrancar com grande velocidade ao abrir a sinaleira, mesmo que o ruído do escapamento denunciasse que o motor estaria funcionando em marcha lenta.

Na impossibilidade de visualizar o mecanismo responsável pela retomada de velocidade do carro, uma pessoa poderia eventualmente cunhar novos termos tais como "energia latente" ou mesmo "energia potencial", apenas para conciliar sua intuição costumeira de movimento com o evento contra-intuitivo observado.

Considerando o cenário hipotético no qual poderia ter sido cunhado o termo "energia potencial", e que o termo significa apenas que essa forma de energia desconhecida não se manifesta como movimento, podemos mudar o foco da discussão para outro aspecto do cenário descrito. Se essa história se passasse a partir da década de 80, alguns dos pedestres poderiam eventualmente "explicar" o fenômeno, simplesmente dizendo que o carro possui freio regenerativo, mas sem necessariamente especificar o mecanismo que o faria funcionar.

Seria difícil dizer até que ponto esses pedestres supostamente esclarecidos estariam conscientes de como funciona o mecanismo do qual conhecem apenas o nome. Assim, só é possível distinguir o mérito de um termo tal como "energia potencial", mais antigo, de outro termo, chamado "freio regenerativo", apenas pelo fato de que o segundo parece mais específico do que o primeiro. Aparentemente, um termo mais genérico como "energia potencial" soa menos elucidativo do que o segundo (freio regenerativo). Por essa razão, as pessoas que se expressam de forma excessivamente abstrata raramente recebem tanto crédito e atenção quanto aquelas que usam palavras mais específicas. Entretanto, é necessário ter muito cuidado ao analisar o conteúdo de certos textos considerados "meramente acadêmicos", para que não sejam depreciados, por não parecerem realistas. Por exemplo, alguns conteúdos em matemática "pura", tais como Simetrias de Lie, Transformações de Bäcklund, Geometria Diferencial, Biquatérnions e relações de comutação, possuem de fato muito mais aplicações práticas no mundo real do que os textos considerados pertencentes à matemática "aplicada", como transformadas integrais e métodos perturbativos.

É preciso ter em mente que a criação de neologismos é um recurso amplamente utilizado em diversas áreas de pesquisa, quando o investigador se depara com uma situação inesperada. Com o passar do tempo, esses termos podem se incorporar de tal forma à linguagem especializada, que passam a "dispensar maiores explicações" sobre mecanismos subjacentes a fenômenos inusitados. No exemplo hipotético apresentado, para "satisfazer" a curiosidade dos observadores, basta afirmar que existe uma energia potencial gerada no processo de frenagem, ou que o carro possui freio regenerativo. O mesmo ocorre com relação a temas controversos que se encontram no limite do conhecimento, ou mesmo na interface entre duas áreas complementares da Física.

A terceira parte do texto visa familiarizar o leitor com temas considerados "teóricos" a priori, mas que se revelam não apenas aplicados, mas também muito eficientes na resolução de problemas concretos em Engenharia e Física. Esses temas serão explorados para refinar a intuição geométrica do leitor, além de viabilizar a elaboração de algoritmos de alto desempenho computacional. Esses algoritmos permitirão simular cenários físicos complexos e realistas de forma rápida, produzindo códigos-fonte bastante compactos e de alta velocidade de processamento. Os sistemas de simulação gerados a partir desses algoritmos produzem resultados ainda mais elucidativos do que o texto até então forneceu, permitindo ao leitor prosseguir seus estudos com mais eficiência e autonomia. Daí a preocupação com o preconceito em relação a temas considerados "abstratos" ou "puramente acadêmicos". Embora muitos reconheçam que uma imagem vale mais do que mil palavras, poucos percebem que, na prática, uma equação diferencial vale mais do que mil imagens, e que essas imagens são bastante realistas. Nos capítulos 9, 10 e 11, será abandonada de forma definitiva a velha e infundada opinião de que modelos matemáticos são representações idealizadas da natureza. Atualmente, com recursos computacionais disponíveis a custos relativamente baixos, mesmo os modelos considerados relativamente simplificados podem ser usados para elaborar sistemas de simulação capazes de reproduzir cenários físicos reais de forma satisfatória.

PARTE 3
TÓPICOS AVANÇADOS

CAPÍTULO 9

INTRODUÇÃO AO MODELO HIDRODINÂMICO PARA O ELETROMAGNETISMO

Na tentativa de eliminar o excesso de conteúdo puramente formal em sala de aula, o professor eventualmente recorre a analogias para tornar mais concreto o ensino de determinados tópicos. Entretanto, ao evitar o emprego de um formalismo pesado e obscuro, o professor pode vir a escolher uma analogia mais didática e superficial. Dessa forma pode ocorrer, em certos casos, que a analogia empregada se mostre muito limitada, e até mesmo incompatível com fatos conhecidos e dados experimentais.

É preciso ter em mente que, dependendo das aplicações de interesse, possa se tornar necessário elaborar analogias mais realistas, ao invés de simplesmente repassar ao estudante histórias didáticas já consagradas. A fim de elaborar novas analogias que não resultem excessivamente idealizadas, podem ser comparados modelos matemáticos utilizados em diferentes áreas e que possuam estruturas similares. Desde que esses modelos tenham reproduzido cenários físicos reais de forma razoável em suas respectivas áreas, basta interpretá-los com cuidado para construir analogias bem sucedidas. Essas conexões entre diferentes áreas podem vir a facilitar consideravelmente o processo de aprendizado, além de motivar o estudante a formular suas próprias analogias preliminares.

9.1 Introdução

O ponto de partida deste capítulo consiste em um exemplo típico de analogia amplamente empregada em sala de aula: o paralelo entre sistemas elétricos e hidráulicos. Embora essa analogia seja bastante útil no ensino médio, muitas vezes se torna prejudicial aos estudantes de graduação, e principalmente de pós-graduação. Ao estabelecer paralelos entre corrente e vazão, assim como entre tensão e pressão, o estudante tende a considerar contra intuitivos determinados tópicos em teoria eletromagnética. Como exemplo, com base na analogia tradicional, não é possível explicar como funciona uma bobina. Em particular, não se pode explicar de que maneira um resistor dissipa energia em forma de calor, um capacitor só transmite corrente alternada ou um solenoide "armazena" energia temporariamente, para então "devolvê-la" a um circuito na forma de uma corrente reversa.

Ocorre que uma analogia mais ampla e esclarecedora pode ser estabelecida entre o eletromagnetismo e a hidrodinâmica. Embora os respectivos modelos matemáticos sejam bastante similares, são apresentados, em geral, de maneira que o estudante não percebe essa semelhança. Isso ocorre por que as variáveis dependentes de maior interesse na abordagem tradicional do tema são o campo elétrico (E) e a indução magnética (B), ao invés do potencial vetorial de Maxwell.

Para que o estudante se sinta à vontade ao abordar temas envolvendo modelos matemáticos, o formalismo deve ser apresentado com forte apelo à intuição geométrica e fenomenológica. Será mostrado a seguir que as equações de Maxwell podem ser melhor compreendidas quando expressas em termos do potencial A, porque duas das equações se reduzem a identidades, enquanto as duas restantes se tornam parte de um modelo semelhante aos de Mecânica de Fluidos.

Outro exemplo de analogia limitada, que frequentemente induz a inconsistências tanto conceituais quanto quantitativas, consiste na abordagem puramente mecanicista da Física, baseada na noção de partícula. À primeira vista, essa noção parece natural, por ser originada da experiência diária, mas perde o sentido quando aplicada a problemas envolvendo interação entre átomos e espalhamento de radiação.

9.1.1 Questionando o conceito de partícula

Quando se procura fazer a distinção entre matéria e energia, uma série de informações a respeito da natureza dessas grandezas é perdida ou deturpada. Mesmo nos modelos matemáticos em escala macroscópica, onde essas variáveis parecem totalmente independentes, um termo específico nas respectivas equações diferenciais denuncia a forte tendência mecanicista do raciocínio empregado em sua dedução. A derivada material, que figura nos modelos macroscópicos em Fenômenos de Transporte, tem origem na parametrização do movimento de um ponto ao longo do tempo. Essa parametrização reflete a necessidade de acompanhar a trajetória de um objeto sendo, portanto, baseada na nossa própria tendência a identificar partículas pontuais. Essa tendência revela claramente o costume enraizado de atribuir identidade a padrões geométricos, em geral, incluindo estruturas locais de campos. Isso ocorre, por exemplo, quando alguém observa uma nuvem, e ocasionalmente identifica o formato de objetos familiares em determinadas regiões de seu campo de visão.

Ao atribuir identidade a esses padrões visuais locais, estabelecemos de forma inconsciente a noção de partícula, e por consequência, de movimento. Esse condicionamento mecanicista remete a uma série de situações paradoxais, tais como as que se verificam no experimento da dupla fenda. Neste caso, a dualidade onda partícula surge apenas devido ao fato de que nos acostumamos com a abordagem mecanicista. Felizmente, essa aparente dualidade pode ser desmistificada, ao invés de utilizar argumentos envolvendo conceitos obscuros, como o do colapso da função de onda. Basta, para tanto, chamar atenção para o seguinte fato: **não se pode atribuir qualquer propriedade a um determinado "objeto" sem que se tenha antes atribuído identidade.** Por exemplo, para considerar que um elétron possui determinada velocidade, é necessário antes garantir que este esteve ao menos em duas posições sucessivas ao longo de um intervalo de tempo. Entretanto, não existe qualquer evidência concreta de que um elétron observado em determinada posição seja realmente "o mesmo" já detectado em uma posição anterior. A situação é análoga à dos cenários envolvendo painéis humanos em eventos esportivos. À medida que a plateia executa uma "ola" em um estádio, parece haver realmente um objeto se deslocando ao longo das arquibancadas. Entretanto, tanto o "objeto" quanto seu movimento longitudinal aparente surgem como resultado de uma oscilação transversal, onde os expectadores apenas levantam e sentam com certa defasagem temporal. Em suma, o movimento transversal de sentar e levantar pode produzir a impressão de que existe um objeto se deslocando longitudinalmente às arquibancadas. De modo análogo, quando seguramos a ponta de uma corda, para em seguida erguê-la e abaixá-la rapidamente, produzimos uma oscilação que se propaga ao longo dessa corda. A essa oscilação poderíamos chamar de partícula, sendo que sua velocidade aparente seria facilmente mensurável.

Esse argumento qualitativo, que pode ser empregado para introduzir tópicos em teoria de campos, poderia ser baseado na interpretação direta da dinâmica subjacente a equações diferenciais parciais de primeira e segunda ordem, tanto em Fenômenos de Transporte quanto em Eletromagnetismo e Mecânica Quântica. O mesmo argumento pode ser usado de forma eficiente para responder a uma questão fundamental relativa ao ensino de ciências exatas. Em face da dificuldade de utilizar figuras puramente mecanicistas para descrever fenômenos em microescala, ***como conciliar o rigor matemático com a intuição geométrica, a fim de apresentar conteúdos acessíveis e confiáveis em sala de aula?*** Essa questão pode ser respondida de maneira relativamente simples, mas não trivial: é preciso concretizar ao invés de abstrair. Em outras palavras, é necessário introduzir o tema fornecendo imagens e exemplos esclarecedores, e só então passar a traduzi-los gradualmente para a linguagem matemática, refinando a intuição geométrica já adquirida. Não se deve recorrer ao formalismo de forma mecânica e inconsciente. Embora Paul Dirac tenha inicialmente deduzido seu famoso modelo quântico relativista a partir de puro formalismo, mais tarde reconheceu serem suas equações "mais inteligentes do que o próprio autor". A exemplo do que fez Dirac, não devemos simplesmente evitar o "excesso de matematização" da Física, mas desestimular a mera manipulação formal, bem como encorajar estudantes e professores a extrair toda a riqueza de informações contida nos modelos matemáticos. Infelizmente, essa riqueza não se manifesta nos balanços em volume de controle, usualmente empregados na obtenção das equações diferenciais que regem os fenômenos físicos em macro escala. Entretanto, pode-se gerar equações diferenciais a partir de premissas mais rigorosas do que simples leis de conservação. Em particular, os modelos hidrodinâmico e eletromagnético, descritos pelas equações de Navier-Stokes e Maxwell, além da definição da força de Lorenz, podem ser interpretados de forma não apenas acessível, mas também integrada, a fim de estabelecer analogias e cenários visuais surpreendentemente elucidativos para ambas as áreas. Neste capítulo algumas dessas analogias rigorosas entre a teoria eletromagnética e a Mecânica de Fluidos são apresentadas de maneira rigorosa, mas também informal e intuitiva, generalizando conceitos mecanicistas para fornecer noções concretas em teoria de campos. Um ponto de partida bastante conveniente para iniciar esse processo de generalização consiste em reinterpretar a lei de Ampère a partir da equação da continuidade, e de forma alternativa, de uma relação de comutação.

9.2 Revisitando a lei de Ampère

Uma vez que toda equação dinâmica pode ser obtida a partir de um balanço em volume de controle e, portanto, de uma lei de conservação, é possível partir da equação da continuidade, definida como

$$\partial_t \rho + \nabla . j = 0 \quad , \tag{9.1}$$

a fim de deduzir uma série de modelos físicos em regime transiente. Nesta equação, a função escalar P pode ser interpretada como a densidade de carga, enquanto o campo vetorial j corresponde à respectiva densidade de corrente. Uma vez que a derivada temporal comuta com o operador divergente, a equação (9.1) pode também ser expressa na forma

$$\partial_t \nabla . f = \nabla . (\partial_t f) \quad . \tag{9.2}$$

Nesta equação, f é um campo vetorial a determinar, cujo divergente é igual a A, sendo sua derivada temporal relacionada à densidade de corrente ($\partial_t f = -j$). Note-se ainda que é possível introduzir um termo extra entre parênteses na equação (9.2), desde que este represente um campo puramente solenoidal (rotacional). Em outras palavras, lembrando que o divergente do rotacional de um campo arbitrário é nulo, a equação (9.2) pode ser generalizada, produzindo a seguinte equação auxiliar:

$$\nabla.\left(\partial_t f + \nabla x g + j\right) = 0 \quad . \tag{9.3}$$

O campo puramente solenoidal, representado pelo rotacional de g, é um exemplo de **espaço nulo** do operador divergente. Espaço nulo é o conjunto de funções que "se perdem" pela aplicação de um operador. Esse conceito, definido de maneira informal, será usado para esclarecer várias dúvidas que irão surgir no próximo capítulo. Por ora, basta ter em mente que ao aplicar um operador diferencial sobre certas equações, alguma informação pode eventualmente ser perdida. Assim, ao reduzir a ordem de uma equação diferencial, pode se tornar necessário repor a informação perdida.

Como o operador divergente é aplicado sobre todos os termos da equação, esta pode sofrer redução de ordem:

$$\partial_t f + \nabla x g + j = 0 \quad . \tag{9.4}$$

Naturalmente, o modelo poderia sofrer uma generalização adicional, com o objetivo de incluir o gradiente de uma função harmônica, que também pertence ao espaço nulo do operador divergente. Entretanto, a equação resultante, a saber,

$$\partial_t f - \nabla x g = -j + \nabla h \qquad \left(\nabla^2 h = 0\right) \quad , \tag{9.5}$$

não constitui um modelo conveniente para o início da análise. Por enquanto, basta especificar os campos vetoriais para obter uma equação diferencial que descreve algum fenômeno físico em particular. Por exemplo, identificando o campo g como a indução magnética e a função f como o campo elétrico, a equação (9.4) se torna a própria lei de Ampère:

$$\partial_t E - \nabla x B = -j \quad . \tag{9.6}$$

Uma discussão sobre o papel da função harmônica na equação (9.5) será apresentada no capítulo 10, para não desviar o foco do objetivo imediato. Nesse capítulo também será deduzida uma expressão para a corrente j, considerando que a lei de Ampère também pode ser originada a partir de outra relação de comutação.

É importante observar que a equação (9.4) foi deduzida a partir de uma lei de conservação que não especifica a priori o ramo da Física para o qual o modelo seria formulado. Note-se que a função **P** poderia representar a densidade mássica ao invés da densidade de carga. Dessa forma, a equação da continuidade da Mecânica de Fluidos poderia também ser obtida a partir da mesma relação de comutação. Essa lei de conservação, expressa em termos da densidade e da corrente mássica j, poderia compor parte de um modelo hidrodinâmico, ao invés de uma equação que rege as interações eletromagnéticas. Assim, a mesma relação de comutação entre a derivada temporal e o operador divergente pode gerar equações dinâmicas passíveis de diferentes interpretações. Isto significa que existe um princípio mais básico do que as próprias leis de conservação. De fato, pelas equações

$$\nabla .B = 0 \tag{9.7}$$

e

$$\nabla .E = \rho \quad , \tag{9.8}$$

verifica-se que a lei de Ampère também define campos de velocidades a partir de contribuições bosônicas e fermiônicas. Em analogia a escoamentos viscosos bifásicos, a contribuição bosônica consiste no campo de velocidades de um fluido, considerado um meio contínuo ("gás de fótons"), enquanto a fermiônica corresponde a partículas sólidas em suspensão (obstáculos sólidos), utilizadas como traçadores massivos. Neste caso, a derivada temporal do campo elétrico constitui a contribuição fermiônica, de modo que o campo E pode ser reinterpretado tanto como uma aceleração quanto como o produto entre a função densidade pelo vetor posição dos férmions correspondentes. Esse produto definiria as coordenadas difusas de uma população de elétrons ao longo do tempo. A indução magnética, por sua vez, poderia constituir tanto a vorticidade quanto o produto da densidade pela função corrente do "escoamento" fotônico, o que na mecânica de fluidos constitui o rotacional da função corrente. No primeiro caso, o potencial de Maxwell poderia ser considerado um vetor velocidade bosônico (fotônico). No segundo, a indução magnética seria identificada como o campo de velocidades. Por motivos que serão esclarecidos a partir de agora, será adotado o primeiro ponto de vista, para o qual A representa a velocidade, e consequentemente B resulta na vorticidade do escoamento fotônico.

9.2.1 Interpretação preliminar do modelo

A interpretação da lei de Ampère pode ser resumida da seguinte forma: a velocidade e, portanto, a corrente j é composta por duas contribuições: o deslocamento fermiônico, correspondente ao movimento dos elétrons, e o deslocamento bosônico, associado ao movimento dos fótons. Tal como em um escoamento bifásico, onde os sólidos particulados não acompanham totalmente o campo de velocidades do escoamento, devido a efeitos de deslizamento parcial, as partículas sujeitas à ação de um campo externo também não se deslocam com a mesma velocidade dos bósons responsáveis pelas interações entre férmions.

Naturalmente, essa analogia preliminar não é completa, pois não existe a princípio uma grandeza análoga à carga elétrica e ao spin nas equações que regem os escoamentos viscosos. Entretanto, será demonstrado posteriormente, que uma extensão natural das equações de Navier-Stokes e Helmholtz para quatro dimensões incorpora de forma implícita os potenciais de interação entre as moléculas em um campo de escoamento. Convém salientar que a análise proposta no trabalho foi intencionalmente concebida de forma modular, com o objetivo de atingir diferentes graus de profundidade, a fim de atender demandas que vão desde a graduação até a pesquisa aplicada. A abordagem inicial já apresentada tem como objetivo estabelecer uma conexão imediata entre o eletromagnetismo e a mecânica de fluidos, a fim de atingir um público relativamente amplo, sem comprometer o rigor da exposição. A partir dessa análise preliminar serão apresentados sucessivos refinamentos, tornando a analogia progressivamente mais completa e rigorosa, mas sem prejuízo à clareza de apresentação.

9.3 A lei de Faraday segundo a mecânica de fluidos

Até então foram utilizadas três das quatro equações de Maxwell a fim de estabelecer uma conexão direta entre o eletromagnetismo e a Mecânica de Fluidos: a lei de Ampère, a lei de Gauss, (equação 9.8), e a ausência de monopolos magnéticos (equação 9.7). Ao interpretar a quarta equação de Maxwell, isto é, a lei de Faraday, definida como

$$\partial_t B + \nabla x E = 0 \quad , \qquad (9.9)$$

surge uma nova informação sobre a dinâmica do fluxo de fótons e elétrons. Esta equação informa que o movimento vorticial de elétrons (cisalhamento do campo E) provoca variações na indução magnética ao longo do tempo. Em termos de escoamentos viscosos, esse efeito poderia ser descrito, à primeira vista, como a variação temporal das linhas de fluxo, induzidas pelo movimento circular dos sólidos particulados. Contudo, uma vez que a equação não especifica o número de cargas pontuais existentes no domínio, esta permanece válida inclusive quando existe apenas uma carga, o que corresponde a um único sólido suspenso no escoamento. Assim, existindo apenas um sólido suspenso, haveria três formas de produzir um campo solenoidal, isto é, de manter o rotacional de E não nulo. A primeira forma de gerar cisalhamento seria provocada pelo deslizamento das partículas sólidas pontuais em relação ao campo fotônico. A segunda seria causada pelo movimento de rotação da partícula pontual em torno do próprio eixo. Entretanto, para que esse movimento de rotação produzisse de fato o cisalhamento do campo E, a partícula não poderia mais ser considerada pontual, mas um **vórtice no campo bosônico**. Esse cisalhamento seria então provocado por diferenças na velocidade tangencial do campo entre linhas de fluxo adjacentes. Esse argumento sugere que os elétrons possam ser identificados como estruturas vorticiais em um campo fotônico. Esse campo poderia então ser descrito como um puramente energético, sendo que a principal diferença entre os férmions e bósons seria manifesta apenas localmente. Em ouras palavras, a mera identificação de estruturas locais distintas em um único campo de escoamento produziria essa impressão. Finalmente, a terceira forma de produzir cisalhamento no campo E poderia ser causada pela translação de duas partículas vizinhas com velocidades diferentes.

Embora as equações de Maxwell e o calibre de Lorentz sugiram que o campo fotônico possa representar um escoamento viscoso compressível, ainda não foi apresentada uma equação da Teoria Eletromagnética que seja de fato análoga a um modelo hidrodinâmico. **Parece então natural questionar se haveria realmente um modelo em Teoria Eletromagnética que fosse, em algum sentido, equivalente às equações de Navier-Stokes na Mecânica de Fluidos. Ocorre que esse modelo é a própria definição da Força de Lorentz**, que constitui uma informação complementar às equações de Maxwell. Será mostrado a seguir que a força de Lorentz, definida como

$$F = qE + v\text{x}B \ , \qquad (9.10)$$

possui uma estrutura análoga a de uma forma fatorada do modelo hidrodinâmico de Helmholtz:

$$\partial_t \omega + \text{v}.\nabla\omega - \omega.\nabla\text{v} = \nu\nabla^2\omega \ . \qquad (9.11)$$

Nesta equação vetorial, obtida através da aplicação do operador rotacional sobre o modelo de Navier-Stokes, v é o vetor velocidade, ω é a vorticidade e ν a viscosidade cinemática. Essa equação manifesta um caráter dual entre campos de velocidade e vorticidade, a partir do qual será identificada a necessidade de refinar os modelos de Mecânica de Fluidos, a fim de considerar as interações eletromagnéticas entre as moléculas que compõem o meio circulante. Observe-se que o segundo termo no membro esquerdo, denominado parcela inercial ou advectiva, descreve o transporte de vórtices ao longo da corrente principal, já descrito anteriormente. Mas o terceiro termo, chamado "*vortex stretching*", informa que o movimento vorticial também transporta os vetores velocidade. Esse transporte provoca tracionamento no vórtice inicialmente plano, que se deforma produzindo uma estrutura tridimensional de tornado, resultando no surgimento de um escoamento axial, orientado perpendicularmente ao plano de rotação. Na verdade, essa estrutura de vórtice é tetradimensional, uma vez que se altera ao longo do tempo, tal como o pequeno tornado observado no ralo de uma pia. Essa constatação justifica a alegação de que a definição da força de Lorentz constitui a contrapartida da equação de Helmholtz na Teoria Eletromagnética.

9.3.1 Modelo hidrodinâmico para o eletromagnetismo

A equação de Helmholtz pode ser fatorada em um sistema de primeira ordem, expressa em termos de operadores vetoriais como

$$\partial_t \mathrm{v} + \mathrm{v} \times \omega = \nu \nabla \times \omega. \tag{9.12}$$

De fato, quando o operador rotacional é aplicado sobre a equação (9.12) surge o modelo de Helmholtz. Note-se que o surgimento de um produto vetorial em (9.12) sugere que a vorticidade na hidrodinâmica possa ser uma grandeza análoga à indução magnética no Eletromagnetismo. Essa analogia oriunda da comparação entre as equações (9.12) e (9.10) identifica o potencial vetorial de Maxwell como um campo fotônico de velocidades, já que o campo elétrico é definido em termos da derivada temporal desse potencial.

A partir deste argumento, torna-se possível refinar a analogia proposta, levando em consideração a distinção básica entre férmions e bósons: o valor numérico do spin. Para tanto, é importante reconsiderar a necessidade de associar os elétrons aos sólidos particulados no escoamento bifásico correspondente. Uma vez que a cada partícula sólida está obrigatoriamente associado um movimento de rotação em torno do próprio eixo, os elétrons podem ser identificados diretamente com os próprios vórtices formados ao longo do escoamento, como já mencionado. A partir de então, **esse escoamento, antes bifásico, pode voltar a ser considerado monofásico**. Essa nova conclusão constitui uma evolução considerável em relação à interpretação preliminar, pois os modelos hidrodinâmicos tradicionais parecem contemplar efeitos análogos aos caracterizados pelas contribuições fermiônica e bosônica das teorias em microescala. Um desses efeitos consiste na dissipação de energia resultante das interações entre vórtices. Essa característica é típica dos vórtices bosônicos, que podem ser criados e aniquilados em qualquer quantidade, "povoando" livremente vários estados de energia.

Outro efeito que se manifesta de forma análoga ao que ocorre na microescala é a própria formação de tornados. Embora esse efeito não se manifeste de forma direta nas equações de Navier-Stokes, figura explicitamente nas equações de Helmholtz, sendo equivalente a um cenário macroscópico concreto em Mecânica de Fluidos, que será descrito a seguir.

9.3.2 A necessidade e refinar modelos hidrodinâmicos

Será descrita a seguir um cenário regido pela equação de Helmholtz, que a princípio parece exclusivamente mecanicista. Esse cenário é semelhante ao da própria formação de tornados na superfície dos oceanos, devido à combinação de ventos e correntes térmicas. Quando a incidência de radiação solar sobre a superfície da água produz regiões específicas nas quais a blindagem parcial das nuvens não ocorre de forma eficiente, são formadas colunas de ar úmido de baixa densidade, que produzem correntes localmente ascendentes. Esses setores ascendentes, ao encontrar correntes laterais de vento, parecem atrair essas correntes para seu interior, devido à baixa densidade de moléculas nessa região. Ao ser desviado de sua trajetória local, o campo de velocidades relativo ao vento incidente tende a efetuar uma trajetória aproximadamente tangencial à coluna, resultando na geração de um movimento aproximadamente circular. Entretanto, as moléculas que se aproximam da coluna, seguindo essa trajetória curvilínea, sofrem colisões com as moléculas da corrente ascendente, compondo então uma trajetória aproximadamente helicoidal. O diâmetro dessa trajetória helicoidal tende a expandir à medida que ascende, pois o movimento de rotação é reforçado pela incidência tangencial de ventos. Ao mesmo tempo, a densidade vai progressivamente se tornando uniforme na interface entre a corrente principal do vento e a corrente secundária ascendente, que define a superfície e o interior do tornado.

Essa descrição qualitativa do processo de formação de vórtices tridimensionais se desenvolve justamente no sentido inverso quando a formação desses vórtices é induzida pelo atrito da corrente principal com interfaces sólidas, ou mesmo entre camadas adjacentes de um fluido que escoam a diferentes velocidades. Isto indica que campos solenoidais sempre são acompanhados de convergência ou divergência, formando assim as estruturas tridimensionais transientes que são os tornados.

Uma vez que a existência dessas estruturas tridimensionais induz a inferir que campos inicialmente solenoidais produzam escoamentos axiais no sentido perpendicular ao plano de rotação dos vórtices associados, seria natural procurar um análogo a esse fenômeno na Teoria Eletromagnética. Considerando que essa teoria já foi formulada de forma relativista, mesmo sendo anterior à Física Moderna, o eletromagnetismo não parece estabelecer uma distinção clara entre o tempo e as coordenadas espaciais. O termo equivalente ao *vortex stretching* nas equações de Helmholtz poderia figurar no eletromagnetismo de duas formas:

- Na presença de um termo explicitamente equivalente, como já discutido na seção 9.3.1;
- Na manifestação de um fenômeno semelhante.

A princípio, procurar um fenômeno análogo pode ser uma tarefa relativamente simples. Note-se que a formação de tornados parece um fenômeno análogo ao processo que ocorre no ralo de uma pia cheia de água, a partir do momento em que sua tampa é retirada. Ao mesmo tempo em que a água escoa pelo ralo, por efeito da gravidade, forma-se um vórtice que gira em torno do eixo vertical. Suponha-se que fosse lançado um pequeno fragmento sólido e leve na superfície da água, com o objetivo de traçar sua trajetória. A trajetória resultaria em um movimento orbital convergente, no qual o fragmento pareceria estar sendo atraído pelo centro do ralo, à medida que executasse uma translação circular em torno desse ponto. Esse movimento poderia ser facilmente confundido com a interação entre cargas elétricas de sinal oposto, quando visualizada no plano de rotação correspondente. Uma das cargas, mais massiva, estaria localizada na posição central do ralo, enquanto a outra pareceria espiralar, convergindo para a posição da primeira.

Essa comparação parece explicar de forma clara a interação entre partículas. Ao invés de recorrer ao conceito chamado "ação à distância", talvez o papel do potencial pudesse realmente ser justificado por um efeito mais concreto: a própria formação de vórtices tridimensionais ou "tornados eletromagnéticos". Assim, o campo fotônico poderia mesmo ser descrito como um escoamento tridimensional transiente, no qual as partículas atuariam como vórtices também tridimensionais. De fato, se o fragmento sólido mencionado anteriormente fosse substituído por um minúsculo vórtice, faria essencialmente o mesmo papel de um corpo sólido no interior desse escoamento. Em resumo, o trivetor de Maxwell seria realmente considerado um campo de velocidades. Levando em consideração o fato de que a componente zero do quadrivetor A é o potencial de interação, poderia também haver uma componente zero no vetor velocidade, responsável pelas interações entre as moléculas de um fluido em escoamentos viscosos. Essa questão, que será investigada a seguir, resultará no surgimento de uma nova conclusão que corrobora a analogia proposta.

9.4 A componente zero do quadrivetor velocidade

Uma vez reinterpretada a lei de Faraday em termos de argumentos hidrodinâmicos, e compreendido o mecanismo de formação de estruturas vorticiais em três dimensões, torna-se possível alcançar um nível de compreensão um pouco mais profundo sobre a natureza das interações entre partículas. Retornando à equação da continuidade para a mecânica de fluidos, desta vez expressa na forma tridimensional transiente, definida como

$$\partial_t \rho + \partial_x u + \partial_y v + \partial_z w = 0 \quad , \tag{9.13}$$

torna-se possível identificar a densidade como a componente da velocidade na direção do tempo. Embora essa constatação por inspeção possa parecer apenas um artifício formal, sua interpretação se torna bastante esclarecedora, tendo em mente que o eixo do tempo nada mais é do que uma coordenada espacial adicional. Suponha-se que um observador percorre uma estrada em alta velocidade, e que exista uma sequência de cartazes dispostos ao longo do caminho, contendo quadros sucessivos de uma determinada animação. Esse observador interpreta a sequência de quadros como um filme que descreve a dinâmica de determinado evento. Assim, seu **tempo próprio** é o eixo da estrada, que é considerado uma coordenada espacial para outro observador, que se encontra parado em relação aos cartazes. Caso não haja qualquer outro conjunto de objetos dispostos ao longo da estrada, a noção de tempo para o observador que se desloca sobre ela está relacionada à velocidade com a qual a estrada é percorrida, a distância entre os quadros da animação e a taxa de amostragem com a qual foram fotografados. Caso não houvesse cartazes, mas uma neblina envolvendo a estrada, a velocidade poderia ser avaliada pela sua própria densidade do nevoeiro, além do acúmulo de gotas ao longo do para-brisa. Essas grandezas seriam as únicas referências para avaliar a velocidade sobre o eixo que define o tempo próprio, ou seja, o eixo que o primeiro observador percorre. A densidade seria, portanto, a componente da velocidade na direção do tempo.

Suponha-se agora que a neblina formasse um campo escalar contínuo, cuja densidade variasse ao longo de todos os eixos espaciais, e que houvesse um segundo observador percorrendo outra estrada, disposta perpendicularmente à primeira. Neste caso, ao percorrer a neblina, cada um dos observadores enxergaria uma animação diferente, embora se tratasse da mesma estrutura. Em outras palavras, a função densidade evoluiria de forma diferente para cada observador, apenas pelo fato de ser percorrida em diferentes direções.

Essa abordagem parcialmente qualitativa, de natureza relativista, tem como objetivo chamar a atenção para a equivalência entre a ação de potenciais de interação e mudanças de direção em escoamentos a quatro dimensões. Esse desvio pode ser interpretado como a desaceleração de uma partícula pontual ao ser atraída por outra. Neste caso específico, uma partícula pontual massiva percorre o próprio eixo t, constituindo um cenário semelhante ao do fenômeno observado ralo da pia. Contudo, o eixo do ralo seria representado pela coordenada temporal.

A possibilidade de intercambiar os eixos z e t, na descrição das interações eletromagnéticas e na busca do significado da componente zero de um quadrivetor, conduz a uma dúvida conceitual. Essa dúvida, quando explorada detalhadamente, resultará em um refinamento adicional do modelo, que será apresentado no próximo capítulo. Por ora será apresentado outro cenário físico na Mecânica de Fluidos que possui um correspondente direto no eletromagnetismo.

9.5 Os escoamentos reptantes e o efeito Meissner

Os conceitos introduzidos na seção anterior permitem compreender melhor a natureza das contribuições fermiônica e bosônica para o campo de velocidades [Alencar]. Imagine-se que um arame fino seja introduzido perpendicularmente ao plano de um escoamento viscoso, sendo em seguida retirado, apenas para produzir um duplo vórtice cuja conformação se assemelha à de uma calandra (figura 29).

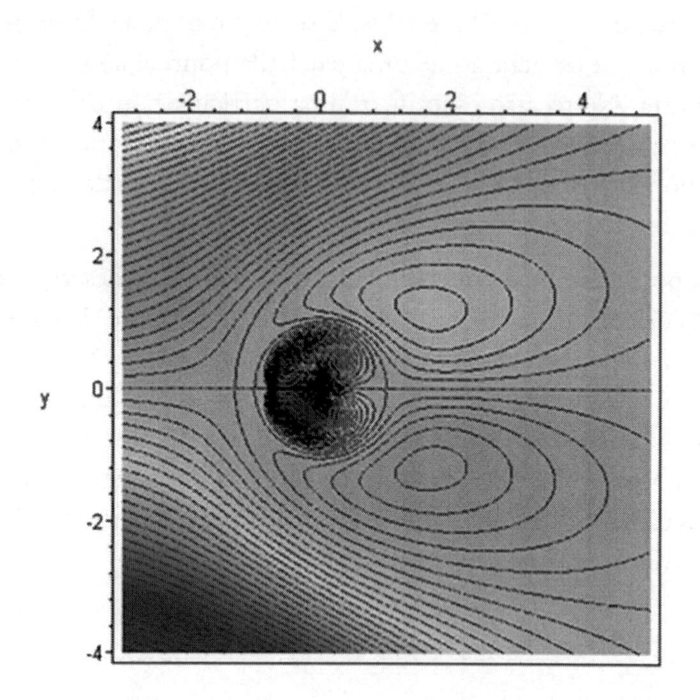

Figura 29: Escoamento reptante em torno de um cilindro

Mesmo após o arame ser retirado, o duplo vórtice se mantém íntegro, porque continua recebendo energia da corrente principal. Supondo que o escoamento externo flua da esquerda para a direita, o vórtice superior tende a girar no sentido horário, enquanto o inferior gira no sentido oposto. Assim, existem regiões nas quais o movimento vorticial é reforçado pela ação de correntes tangenciais, no setor angular em torno de 90 graus do bordo de ataque. Existem também zonas próximas ao próprio ponto de ataque, onde o escoamento externo se opõe ao vorticial, sendo expulso pelo movimento de rotação de ambos os vórtices. Esse cenário hidrodinâmico é análogo ao efeito Meissner, no qual dois elétrons formam uma estrutura vorticial denominada "par de Cooper", que expulsa as linhas de campo magnético. Os pares de Cooper se formam a temperaturas extremamente baixas, conferindo supercondutividade a diversos materiais. Do ponto de vista hidrodinâmico, ambientes expostos a baixas temperaturas equivalem a escoamentos com baixo número de Reynolds. Quando esse parâmetro adimensional, definido como

$$Re = \frac{UL}{\nu}, \tag{9.14}$$

assume valores baixos, o escoamento é lento, isto é, a velocidade da corrente principal (U) é baixa, ou a viscosidade cinemática (ν) é alta. Neste caso, a dimensão L se refere ao diâmetro do arame, que foi previamente considerado pequeno. Apenas a título de definição, escoamentos para $R_e < 1$ são denominados reptantes (rastejantes), e constituem um análogo hidrodinâmico para meios a baixa temperatura.

À medida que a velocidade da corrente livre aumenta, crescem também as flutuações de velocidade em torno do respectivo valor médio. Essas perturbações ao longo do escoamento provocam a desestabilização da estrutura de duplo vórtice. A fim de compreender como isso ocorre, pode-se iniciar imaginar que em determinado momento o vórtice superior, que gira no sentido horário, receba mais energia do que o inferior, incrementando sua velocidade de rotação na periferia. O vórtice superior passa então a "rolar" sobre o inferior, deslocando-se para uma posição ligeiramente à jusante de sua localização original. Desse modo, o vórtice inferior, que gira no sentido anti-horário, fica mais exposto ao escoamento reverso, que ocorre nas vizinhanças de sua porção superior. Uma vez que o sentido do campo de escoamento no topo desse vórtice flui tangencialmente da direita para a esquerda, este se opõe à orientação local do escoamento principal. Nessa região de correntes opostas são produzidos pequenos vórtices que conciliam o movimento de ambas as estruturas. O cenário é semelhante ao da inserção de pequenas engrenagens que conciliam movimentos localmente opostos entre uma grande engrenagem e uma cremalheira.

Quanto maior a velocidade do escoamento principal, para um mesmo valor de viscosidade cinemática, maiores serão as flutuações, que irão provocar a formação de pequenos vórtices. Esses pequenos vórtices, por sua vez, podem entrar em oposição com o movimento da corrente principal ou mesmo do vórtice à jusante, produzindo vórtices ainda menores. Esse fenômeno de dissipação de energia para escalas progressivamente menores é chamado **cascata de Kolmogorov**, que se propaga até a escala molecular. O análogo eletromagnético desse fenômeno corresponde à ruptura dos pares de Cooper e à perda da supercondutividade, à medida que a temperatura do meio aumenta.

A analogia entre baixas temperaturas e escoamentos lentos ou envolvendo fluidos muito viscosos reside na natureza do movimento aparente de translação, exemplificado pelo efeito da "ola". Esse efeito será descrito a seguir.

9.6 Movimento aparente e interferência entre campos

Ao analisar a maior parte dos escoamentos viscosos, assume-se implicitamente a validade da hipótese do contínuo. Essa hipótese é considerada válida mesmo lembrando que o fluido é composto de moléculas, e assim pode ser considerado um meio discreto em escala molecular.

Alguns autores afirmam que, para garantir a validade da hipótese do contínuo, basta considerar um volume de controle suficientemente grande a ponto de conter um número elevado de moléculas, mas pequeno o bastante para que seja possível levar ao limite as equações de balanço sobre ele efetuadas. Desse modo, poderiam ser formulados modelos locais baseados em equações diferenciais parciais que definem tanto leis de conservação quanto equações dinâmicas em uma escala apropriada. Entretanto, essa solução aparentemente conciliadora não considera que o estado líquido não é realmente caracterizado por uma distribuição homogênea de moléculas, mas pela presença de agregados com diferentes pesos moleculares. O valor médio da massa molecular desses agregados depende da temperatura e da intensidade das forças atrativas. Esse valor define, inclusive, a viscosidade do fluido a diferentes temperaturas. Quanto maior a temperatura, menor é o peso molecular médio desses *clusters*. A viscosidade, por sua vez, aumenta com o tamanho do *cluster*, motivo pelo qual decresce com o aumento de temperatura.

A fim de conciliar os pontos de vista contínuo e discreto de forma mais rigorosa, é preciso considerar que tanto a densidade mássica quanto a eletrônica das moléculas constituintes do meio fluido podem ser aproximadas por funções de suporte compacto, isto é, curvas cuja amplitude se torna desprezível fora de uma determinada região. Essa região define o alcance efetivo das nuvens eletrônicas das moléculas no que diz respeito às interações eletromagnéticas. Dessa forma, independente do estado físico do fluido e também da escala de observação, existe uma maneira consistente de descrever o movimento das moléculas. Utilizando a série de Taylor para definir funções que se deslocam nas diferentes direções espaciais, é possível descrever o movimento das moléculas de forma consistente com as hipóteses do contínuo e de meio

$$f_0(x+dx)=f_0+dx\frac{\partial f_0}{\partial x}+\frac{(dx)^2}{2}\frac{\partial^2 f_0}{\partial x^2}+\ldots=\sum_{k=0}^{\infty}\frac{(dx)^k}{k!}\frac{\partial^k f_0}{\partial x^k} \qquad (9.15)$$

torna-se possível identificar a verdadeira natureza de qualquer movimento em escala molecular. Note-se que ao truncar a expansão (9.15) no termo de primeira ordem, obtém-se uma aproximação para o caso no qual deslocamento *dx* é muito pequeno. A figura 30 mostra esse efeito para uma função do tipo gaussiano, tomando um pequeno deslocamento, definido como *dx* = 0.2.

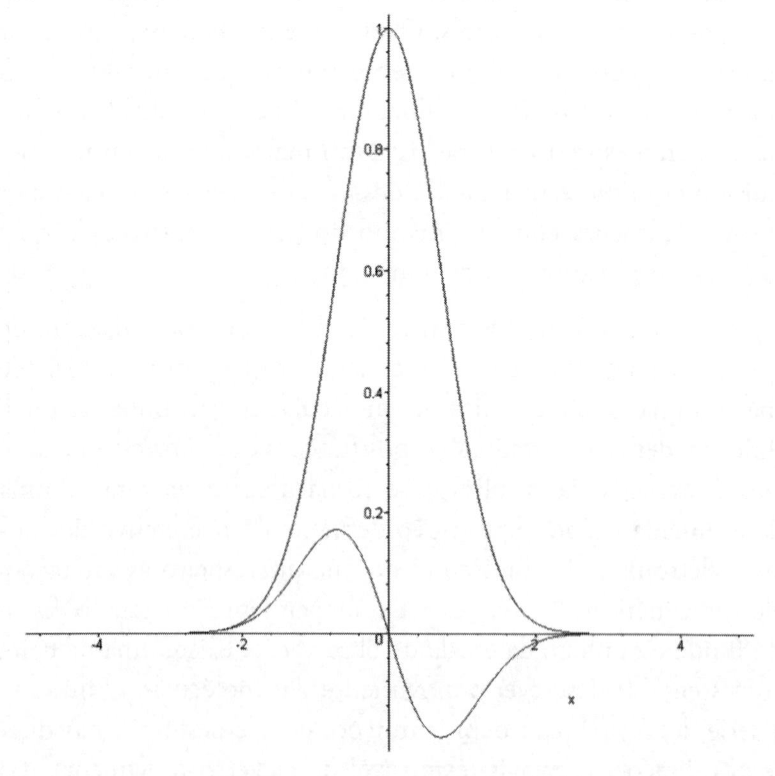

Figura 30: Gráfico dos dois primeiros termos da série para o estado inicial f =e$^{(-x^2)}$, utilizando dx = 0.2

Para esse valor do incremento, o primeiro termo da série, que representa o próprio estado inicial, predomina sobre o segundo, de maneira que a soma dos termos, mostrada na figura 31, preserva essencialmente seu formato original. Quando o segundo termo é somado ao primeiro, ocorre uma leve redução na amplitude da função gaussiana para pontos localizados à direita de x = 0, pois sua derivada é negativa. Para pontos localizados à esquerda da origem a amplitude sofre um pequeno aumento, sendo que tanto para a origem quanto para locais distantes de x = 0 esse efeito e desprezível. O resultado final fornece a impressão de que houve realmente um deslocamento da função para a esquerda, acompanhado de um pequeno aumento no valor de pico. Os demais termos da série, não considerados até então, efetuam pequenas correções sobre essa deformação, de modo que o efeito final se reduziria apenas ao deslocamento, sem haver qualquer alteração significativa no formato original do primeiro termo.

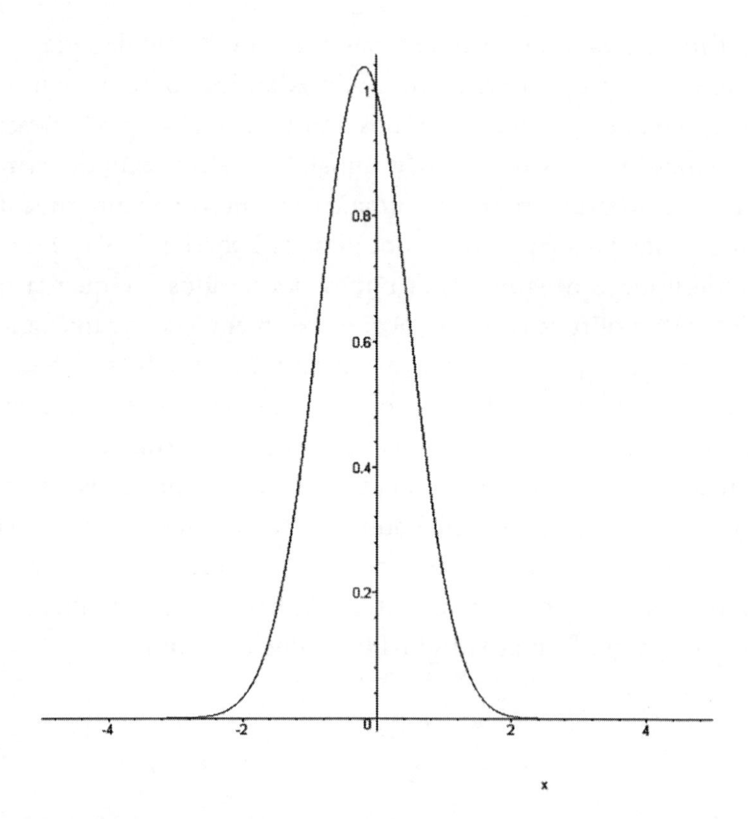

Figura 31: Soma dos dois primeiros termos da série, que resulta essencialmente no deslocamento do perfil inicial

Isto significa que a translação de uma ou mais partículas, representadas por uma determinada função, pode ser emulada pela adição de termos proporcionais às suas derivadas. Assim, se ocorrer incidência de radiação, representado por funções oscilantes, sobre um grupo de moléculas, pode haver deslocamentos locais que definem movimentos relativos, dependendo essencialmente da frequência e da fase dessa radiação. Isto ocorre porque essas funções oscilantes podem coincidir localmente com derivadas da função que representa o arranjo molecular correspondente.

Em resumo, a soma de uma função que descreve o estado inicial de um sistema com uma combinação linear de suas próprias derivadas pode produzir tanto efeitos advectivos (translacionais) [2] quanto difusivos [3,4]. Essa concepção não-mecanicista de movimento aparente fornece um ponto de vista unificado sobre fenômenos considerados, a princípio, não relacionados [5,6]. Dentre esses fenômenos estão o movimento browniano, as mudanças de fase, as variações locais de viscosidade em escoamentos turbulentos, a variação dos coeficientes de difusão com a temperatura, a promoção de mistura causada pela turbulência, a crise do arrasto, as reações químicas e nucleares, assim como todos os eventos que derivam, direta ou indiretamente, de processos em microescala.

CAPÍTULO 10

MODELOS MATEMÁTICOS – ORIGENS E LIMITAÇÕES

Neste capítulo serão discutidos tópicos mais profundos sobre modelos matemáticos ditos locais, que embora sejam baseados em equações diferenciais parciais como qualquer modelo usual, não são necessariamente obtidos via simetrias e leis de conservação. Esse capítulo tem também o objetivo de fornecer maior autonomia para o leitor formular seus próprios "*Toy-models*", ou mesmo para prosseguir seus estudos sobre modelagem de forma relativamente independente do estado da arte em sua área específica de pesquisa.

Ao descrever as interações entre partículas carregadas como resultado do transporte advectivo de vórtices em um escoamento fotônico, surge uma dúvida, a princípio conceitual, que induz a obter uma extensão natural para a definição do operador rotacional em quatro dimensões. Essa extensão dará origem a uma ideia mais concreta sobre a estrutura de um campo chamado *spinor*. A ideia pode ser sumarizada da seguinte maneira: a distinção básica entre férmions e bósons está na forma pela qual campos descritos por quadrivetores se manifestam localmente. Esse tema será desenvolvido ao longo do capítulo.

10.1 Relações de comutação e equações dinâmicas

Quando analisamos o eletromagnetismo sob o ponto de vista hidrodinâmico, uma informação de importância crucial para a modelagem matemática emerge de forma natural. As definições do campo elétrico e da indução magnética em termos do potencial vetorial de Maxwell (A), dadas por

$$E = -\partial_t A - \nabla\varnothing \quad (10.1)$$

e

$$B = \nabla \mathrm{x} \mathrm{A} \; , \quad (10.2)$$

onde $\varnothing$ denota o potencial de calibre, nada mais são que condições de solubilidade para a lei de Faraday. Em outras palavras, a lei de Faraday se reduz a uma identidade quando expressa em termos do campo A, porque pode ser reescrita como

$$\partial_t \nabla \mathrm{x} \mathrm{A} - \nabla \mathrm{x}(\partial_t A + \nabla\varnothing) \equiv 0 \quad (10.3)$$

Naturalmente, isto ocorre porque a derivada temporal comuta com o operador rotacional, isto é $[\partial_t, \nabla \mathrm{x}] = 0$ Assim, não importando sobre qual campo atua o comutador, será produzida uma identidade. Em resumo, certa equação dinâmica, que constitui uma lei física, pode ser originada a partir de uma relação de comutação entre operadores diferenciais. No caso particular em que esse comutador é aplicado ao campo A, mas o resultado é expresso em termos dos campos E e B, obtém-se uma lei da física ao invés de uma identidade. No exemplo apresentado, basta reescrever a identidade (10.3) em função dos campos E e B para obter a Lei de Faraday a partir de uma identidade:

$$\partial_t \mathrm{B} + \nabla \mathrm{x} \mathrm{E} = 0 \qquad (10.4)$$

De maneira análoga, pode ser demonstrado que qualquer forma da equação da continuidade tem origem na relação de comutação entre a derivada temporal e o operador divergente, a saber, $[\partial_t, \nabla.] = 0$. Do mesmo modo, as equações de Hamilton da Termodinâmica Estatística decorrem diretamente da relação de comutação entre a derivada temporal e o operador gradiente, isto é $[\partial_t, \nabla.] = 0$. Dessa relação de comutação também decorrem as definições de força, a partir da derivada temporal da quantidade de movimento e do gradiente de energia potencial.

Surge então uma questão central, relacionada ao modo pelo qual são deduzidos os modelos da Física Matemática. Considerando possível obter leis dinâmicas exclusivamente a partir de relações envolvendo operadores, parece razoável supor que esses modelos resultem confiáveis. Leis físicas deduzidas a partir de relações de comutação são identidades, que são sempre válidas, independente do campo sobre o qual os operadores envolvidos são aplicados. Assim, essas leis seriam sempre corretas, embora eventualmente resultassem incompletas, por não considerar elementos pertencentes ao espaço nulo de cada operador em sua forma mais geral. Além disso, os novos campos que surgem ao converter uma lei física em sua respectiva relação de comutação podem fornecer informações extras que não poderiam ser obtidas a partir de balanços em volumes de controle infinitesimais. Na próxima seção será iniciado um estudo exploratório sobre relações de comutação, que resultará na obtenção da extensão de um modelo utilizado comumente em Teoria de Campos.

10.2 Um possível modelo em Teoria de Campos

Nesta seção será obtido um modelo a partir de relações genéricas de comutação, que possui apenas duas restrições baseadas na imposição de simetrias. As equações resultantes devem ser invariantes frente a translações e permutações de coordenadas.

Suponha-se que certo observador tenha formulado um modelo genérico definido como

$$\frac{\partial f}{\partial t} = Af \quad , \tag{10.5}$$

onde A é um operador diferencial que não contém derivadas temporais. Se o tempo próprio de um segundo observador coincidir com a coordenada x do primeiro, esse observador poderá obter um modelo na forma

$$\frac{\partial f}{\partial x} = Bf \quad . \tag{10.6}$$

Nesse novo modelo, B representa um Segundo operador diferencial, que não possui derivadas em x. A fim de garantir a equivalência entre os modelos, as derivadas cruzadas obtidas a partir da derivação da equação (10.5) em relação a x e da derivação da equação (10.6) em t devem resultar idênticas:

$$\frac{\partial^2 f}{\partial x \partial t} = \frac{\partial (Af)}{\partial x} = \frac{\partial (Bf)}{\partial t} \quad . \tag{10.7}$$

Assim,

$$\frac{\partial A}{\partial x} f + A\frac{\partial f}{\partial x} = \frac{\partial B}{\partial t} f + B\frac{\partial f}{\partial t} \quad . \tag{10.8}$$

Nesta equação, a derivada de um operador é obtida ao derivar seus respectivos coeficientes variáveis, mantendo sua estrutura genérica. Utilizando agora as equações (10.5) e (10.6) para eliminar as derivadas de f, resulta

$$\frac{\partial A}{\partial x} f + ABf = \frac{\partial B}{\partial t} f + BAf \quad . \tag{10.9}$$

Reagrupando termos, obtém-se

$$\left(\frac{\partial A}{\partial x} - \frac{\partial B}{\partial t}\right) f = ABf - BAf \quad , \tag{10.10}$$

Reescrevendo o membro direito em termos do comutador correspondente, resulta

$$\left(\frac{\partial A}{\partial x} - \frac{\partial B}{\partial t}\right) f = [A, B] f \quad . \tag{10.11}$$

A fim de assegurar a invariância translacional do modelo, é preciso impor que os coeficientes variáveis presentes nos operadores A e B não sejam funções conhecidas das variáveis independentes. Isto implica que os coeficientes devam depender da própria função incógnita f ou de suas derivadas. Isto significa que ambos os operadores devem ser matriciais ou não-lineares, a fim de preservar o membro direito da equação, que obviamente se anula quando A e B comutam. Assim, esse modelo não-linear pode ser generalizado para quatro coordenadas, admitindo que A e B sejam componentes de um quadrivetor de operadores não lineares $O^{\propto}$. Impondo também a invariância em relação ao sistema de coordenadas utilizado, esses operadores devem obedecer ao seguinte sistema antissimétrico de equações:

$$(\partial_{\alpha} O^{\beta} - \partial_{\beta} O^{\alpha}) f = \left[O^{\alpha}, O^{\beta} \right] f \quad . \qquad (10.12)$$

Finalmente, uma vez que o modelo deve ser independente do campo sobre o qual é aplicado, a equação (10.12) deve resultar uma identidade, isto é, deve permanecer válida ainda que seja omitida a função f. Isto implica na obtenção da seguinte relação de comutação:

$$(\partial_{\alpha} O^{\beta} - \partial_{\beta} O^{\alpha}) = \left[O^{\alpha}, O^{\beta} \right] \quad . \qquad (10.13)$$

A semelhança desse modelo com a formulação usual da Teoria Quântica de Campos não é acidental, e será discutida na próxima seção.

A tabela 1 mostra alguns modelos matemáticos produzidos via relações de comutação. É importante salientar que a terceira relação de comutação não é homogênea, isto é, neste caso os operadores não comutam entre si, apesar de conterem apenas coeficientes constantes. A princípio, o leitor pode imaginar que o único motivo pelo qual dois operadores não devam comutar seja somente o fato de possuírem coeficientes variáveis. Esses coeficientes produzem termos adicionais para o comutador, oriundos da aplicação da regra do produto. Convém lembrar, contudo, que o operador gradiente aumenta o *rank* (dimensionalidade) do campo sobre o qual é aplicado, enquanto o operador divergente reduz o seu *rank*.

Tabela 1 – Relações de comutação e alguns modelos matemáticos produzidos a partir dessas identidades

Modelo gerado	Relações de comutação	Campos envolvidos	Estrutura
Conservação de carga	$[\partial_t, \nabla.] = 0$	ρ, j	$Escalar$
Lei de Faraday	$[\partial_t, \nabla x] = 0$	E, B	$Vetorial$
Lei de Ampere	$[\nabla, \nabla.] = \nabla x \nabla x$	A	$Vetorial$

Mais especificamente, quando o operador gradiente é aplicado sobre um campo escalar (tensor de *rank* zero), produz um campo vetorial (tensor de *rank* 1), quando aplicado a um campo vetorial produz um campo tensorial (*rank* 2) e assim por diante. O operador divergente atua no sentido inverso, reduzindo o *rank* do campo ao qual se aplica em uma unidade.

10.2.1 A derivada exterior

Retornando à equação (10.13), o termo $\partial_\propto O^\beta - \partial_\beta O^\propto$, que figura no seu membro esquerdo, surge também na Teoria Eletromagnética. É importante observar que esse termo contém as mesmas derivadas presentes no operador rotacional, além de três termos adicionais que possuem estrutura idêntica, ou seja, a diferença entre a derivada da componente $\propto$ em relação à coordenada β e a derivada da componente β em relação à coordenada $\propto$. Existe um termo análogo na forma tensorial das equações de Maxwell, quando expressas em função do quadrivetor A. O tensor de Maxwell ($\partial_\propto A^\beta - \partial_\beta A^\propto$) representa uma extensão natural do rotacional de A, chamado **derivada exterior** do quadrivetor *A*. O significado físico desse operador tensorial será discutido a seguir.

Além das componentes do operador rotacional, a derivada exterior contém três termos extras. Esses termos extras podem ser agrupados em um único trivetor, definido como $(\partial_t A^1 - \partial_x A^0, \partial_t A^2 - \partial_y A^0, \partial_t A^3 - \partial_z A^0)$. Esse trivetor representa a diferença entre a derivada temporal da parte vetorial de A e o gradiente da componente zero do respectivo quadrivetor. Na Mecânica de Fluidos existe um termo equivalente, que pode ser facilmente identificado nas equações de Navier-Stokes, desde que se tenha em mente que a velocidade deva sofrer uma generalização, isto é, deva também considerada um quadrivetor. Nas equações de Navier-Stokes, representadas pelo sistema vetorial

$$\partial_t \mathrm{v} + (\mathrm{v}.\ \nabla)\mathrm{v} = \nu\nabla^2 \mathrm{v} - \frac{1}{\rho}\nabla \mathrm{p}, \qquad (10.14)$$

o último termo pode ser identificado, a menos de um sinal, como a componente zero do quadrivetor velocidade. Assim, o gradiente de pressão pode ser expresso em termos das componentes do trivetor velocidade. A partir deste ponto torna-se possível generalizar o modelo hidrodinâmico. Basta considerar que, na definição de Bernoulli do gradiente de pressão, figura o produto escalar do vetor velocidade por ele próprio, tal como se espera da componente zero dos quadrivetores.

Essa generalização do vetor velocidade induz a imaginar que equações dinâmicas mais rigorosas devam ser expressas de maneira que o operador rotacional deva estar sempre acompanhado das respectivas componentes extras. A fim de identificar o papel dessas componentes, pode-se anular o trivetor que as contém, e em seguida verificar que restrição deve surgir no cenário físico. Uma vez que esse trivetor tem origem na relação de comutação entre a derivada temporal e o operador gradiente, é preciso impor que $[\partial_t, \nabla]=0$. Além disso, também é preciso especificar os campos envolvidos na equação diferencial resultante, considerando que devam se tratar de variáveis hidrodinâmicas. Ocorre que há, na Mecânica de Fluidos, uma equação oriunda da relação de comutação entre o operador gradiente e a derivada temporal. Essa equação que ainda não explorada, por ser tratada como uma definição. Para escoamentos invíscidos (não viscosos – sem atrito), também chamados **escoamentos potenciais**, o vetor velocidade é definido como o gradiente de um campo escalar, chamado **potencial velocidade**:

$$v = \nabla \varnothing . \qquad (10.15)$$

Entretanto, há outra definição para esse vetor, cuja natureza é puramente mecanicista. A velocidade de uma partícula massiva e pontual é definida como a derivada temporal do seu respectivo vetor posição:

$$v = \partial_t x \quad . \qquad (10.16)$$

Combinando ambas as definições, obtém-se

$$\partial_t x = \nabla \varnothing . \qquad (10.17)$$

Como essa definição é válida para escoamentos não viscosos, nos quais o atrito não é considerado, os efeitos de camada limite estariam, a princípio, ausentes. Para reduzir a equação (10.17) a uma identidade, deveria haver um campo f capaz de satisfazer as seguintes relações:

$$\nabla f = x \tag{10.18}$$

e

$$\partial_t f = \varnothing. \tag{10.19}$$

A interpretação dessas equações auxiliares fornece informações interessantes sobre a natureza do campo *f.* A equação (10.18) concilia, de forma qualitativa, os pontos de vista discreto e contínuo de movimento. Para identificar uma partícula pontual localizada na posição x em um campo contínuo de visão, deve haver contraste nesse campo. Esse contraste é representado pelo gradiente de *f.*

Naturalmente, partículas pontuais são apenas idealizações. Uma partícula pode ser representada de forma mais realista como uma função cuja amplitude decai a zero a partir de uma coordenada central. Essa representação não afeta a ideia principal expressa pela equação (10.18).

A equação (10.19) fornece uma informação mais sutil. Para existir um campo escalar cujo relevo define o vetor velocidade em qualquer coordenada espacial, é preciso que um segundo campo varie no tempo. Em uma análise inicial, o potencial velocidade pode ser visualizado como um terreno montanhoso sobre o qual são colocadas bolas de futebol (partículas). Nesse cenário pode-se facilmente imaginar que as bolas percorrerão o caminho de maior inclinação, que tem a mesma direção do gradiente de *f.* Entretanto, essa ideia inicial parece aceitável porque imaginamos automaticamente que existe um campo gravitacional atuando sobre o terreno. Sem que exista esse campo, não haverá movimento. Mas o membro esquerdo da equação (10.19) informa que a força motriz responsável pela existência do potencial velocidade são variações temporais de *f.* Este efeito pode ser também visualizado, considerando que um lençol seja agitado por várias pessoas simultaneamente, gerando flutuações transientes. Nessa situação, surgirão ondulações no tecido que produzirão uma ilusão mecanicista de movimento, como já discutido no capítulo 9. Como exemplo, ao atribuir identidade a um pequeno monte formado localmente, as pessoas terão a nítida impressão de que este se propaga ao longo de um campo de velocidades, até que interaja com outros objetos aparentes ou atinja a fronteira do lençol. Essa discussão será aprofundada nas seções 10.3 e 10.4, remetendo a uma concepção mais elaborada dos conceitos de posição e velocidade. A fim de introduzir o tema de forma gradual, novas relações de comutação serão introduzidas a título de pré-requisito. Neste caso, os operadores envolvidos não comutam, produzindo termos adicionais.

10.2.2 Relações homogêneas e não homogêneas

Se um par de operadores não comuta por dois motivos distintos, isto é, porque possuem coeficientes variáveis ou porque fazem variar o *rank* dos campos sobre os quais são aplicados, pode-se esperar que sejam obtidas muito novas informações sobre modelos matemáticos gerados a partir de relações de comutação não-homogêneas. De fato, quando a lei de Ampère é deduzida a partir da sua respectiva relação de comutação não homogênea, surge uma informação de grande importância sobre a densidade de corrente na Teoria Eletromagnética. Em geral, mesmo quando o comutador é nulo, a simples presença de um operador que altera o *rank* dos campos já produz novas informações sobre a equação correspondente. Como será visto ainda neste capítulo, uma generalização da definição de força produz naturalmente a função de onda, justificando o postulado de Schrödinger relativo à definição de quantidade de movimento. A partir desse ponto, emerge uma nova interpretação para a função de onda, que resulta mais concreta do que a forma original probabilística usualmente proposta nos textos de graduação. Ambos os tópicos serão abordados a seguir em maior detalhe.

10.3 A densidade de corrente na lei de Ampère

Quando a lei de Ampère é expressa na forma

$$[\nabla, \nabla .] A = \nabla x \nabla x A \ , \qquad (10.20)$$

torna-se possível relacionar a densidade de corrente j com o potencial de calibre. Partindo dessa identidade em forma expandida, obtém-se

$$\nabla \nabla . A - \nabla . \nabla A = \nabla x \nabla x A \ . \qquad (10.21)$$

Em primeiro lugar, pode-se adotar o calibre de Lorentz, o que sugere que o campo de fótons se comporte como um gás compressível:

$$\nabla . A = -\partial_t A^0 \ . \qquad (10.22)$$

Nesta equação, A representa a parte vetorial do potencial quadrivetor, enquanto A^0 sua componente zero, ou seja, o potencial escalar de interação. Utilizando em seguida a definição da indução magnética, definida pela equação (10.2), e substituindo em (10.21), obtém-se

$$-\nabla\partial_t A^0 - \nabla.\nabla A = \nabla x B . \qquad (10.23)$$

Considerando que o divergente do operador gradiente é o operador laplaciano, e que a própria lei de Ampère é expressa em termos do potencial de Maxwell como

$$\partial_{tt} A - \nabla^2 A = -j, \qquad (10.24)$$

pode-se isolar o laplaciano de A em (10.24):

$$\nabla^2 A = \nabla.\nabla A = \partial_{tt} A + j. \qquad (10.25)$$

Isto permite reescrever a equação (10.23) na forma

$$-\nabla\partial_t A^0 - \partial_{tt} A - j = \nabla x B \ . \qquad (10.26)$$

Utilizando agora a definição de campo elétrico em termos do potencial de Maxwell, dada por (10.1), obtém-se uma relação que permite eliminar a derivada temporal de segunda ordem do potencial vetorial:

$$-\partial_{tt} A = \partial_t E + \partial_t \nabla \varnothing \ . \qquad (10.27)$$

Substituindo em (10.26), resulta

$$-\nabla\partial_t A^0 + \partial_t E + \partial_t \nabla \varnothing - j = \nabla x B \ . \qquad (10.28)$$

Uma vez que, pela própria lei de Ampère,

$$\partial_t E - \nabla x B = -j \ , \qquad (10.29)$$

os campos E e B podem ser eliminados dessa equação, que se reduz a

$$-\nabla\partial_t A^0 + \partial_t \nabla \varnothing - 2j = 0 \ . \qquad (10.30)$$

Assim, a densidade de corrente pode ser finalmente definida como

$$j = \frac{1}{2}\partial_t \nabla \left(\varnothing - A^0 \right) \ . \qquad (10.31)$$

Esta definição leva em consideração o fato de que a derivada temporal não comuta com o operador gradiente.

Da definição obtida também decorre que existem duas contribuições de origens diferentes para a densidade de corrente. Uma delas, que correspondente ao potencial A^0, é gerada pela presença de partículas carregadas. A segunda, relativa ao potencial de calibre, é produzida pela incidência de radiação sobre as partículas que compõem o meio material. Esse fato justifica o funcionamento das junções PN, presentes em diversos componentes eletrônicos. Em particular, o comportamento de diodos frente a sinais alternados de alta frequência passa a ser explicado pela presença de termos não-lineares em um modelo que acopla o

Eletromagnetismo e a Mecânica Quântica. Esse modelo, que será deduzido no próximo capítulo, explica por que motivo um diodo bipolar convencional não é capaz de retificar sinais de alta frequência. Este fato está relacionado com a forma pela qual ocorre a interação entre radiação e matéria, que constitui um tópico explorado em maior detalhe na área da Física Nuclear. O tema também passará a ser objeto de estudo desse texto, à medida que certos conhecimentos prévios sobre potenciais e funções de onda sejam gradualmente fornecidos.

10.4 Uma nova interpretação para a função de onda

A definição usual de força, que relaciona quantidade de movimento e energia potencial, é dada por

$$\partial_t \mathrm{p} = -\nabla \mathrm{V} \,, \tag{10.32}$$

onde p é a quantidade de movimento e V representa o potencial escalar de interação, também denotado por A^0. A fim de converter essa equação em uma relação de comutação entre os operadores gradiente e derivada temporal, é necessário introduzir um novo campo, que obedece a duas equações auxiliares:

$$\partial_t \mathrm{f} = -\mathrm{V} \,, \tag{10.33}$$

$$\nabla \mathrm{f} = p \,, \quad \text{e}$$

(10.34)

Ao substituir esse sistema de equações em (10.32), surge a seguinte identidade:

$$\partial_t \nabla \mathrm{f} \equiv \nabla \partial_t \mathrm{f} \ . \qquad (10.35)$$

Essa identidade surge porque os operadores ∇ e ∂_t comutam. Assim, é possível eliminar f de (10.30) de modo que a equação pode ser expressa na forma

$$[\partial_t, \nabla] = 0 \ . \qquad (10.36)$$

Note-se que a equação (10.34) é equivalente ao postulado de Schrödinger, relativo à quantidade de movimento. De fato, definindo f em termos da função de onda, isto é, fazendo

$$f = -i\varphi \ , \qquad (10.37)$$

resulta a seguinte relação:

$$\mathrm{p} = -i\nabla\varphi \ . \qquad (10.38)$$

Assim, a relação proposta no modelo quântico de Schrödinger tem origem em um princípio mais básico: a comutação dos operadores. Dessa forma, não há necessidade de prescrever a equação (10.38) como um postulado, para então simplesmente aceitá-la. Deve-se ter em mente que postulados não possuem o mesmo caráter de axiomas, que são hipóteses obrigatoriamente assumidas como verdadeiras na ausência de outras premissas ainda mais fundamentais. O fato de que o campo f surge dessa premissa básica (de que os operadores ∇ e $_t$ comutam) ao invés de impor uma nova forma para a quantidade de movimento, constitui o aspecto mais importante desta dedução. O segundo aspecto mais importante é o fato do emprego do campo f originar uma equação adicional. Enquanto a equação (10.34) é equivalente ao postulado de Schrödinger, a equação (10.33), que ainda não foi explorada, fornece uma informação extra. Será demonstrado, a seguir, que essa informação extra consiste em uma nova relação entre o potencial de interação e a função *f*. Essa informação permite interpretar o campo *f*, e consequentemente a própria função de onda, de forma concreta e intuitiva, estabelecendo um paralelo entre a Mecânica de Fluidos e a Física Quântica.

10.4.1 Conexão entre modelos quânticos e hidrodinâmica

A exemplo da analogia desenvolvida no capítulo anterior, onde foi estabelecido um paralelo entre o eletromagnetismo e a hidrodinâmica, o mesmo pode ser feito com os modelos quânticos. Interpretando inicialmente a equação (10.34) do ponto de vista mecanicista, no qual a quantidade de movimento está relacionada com a velocidade de uma partícula ($p = mv$), infere-se de imediato que o campo f também está relacionado à velocidade. Ao passar do ponto de vista mecanicista ao ondulatório, isto é, ao efetuar a transição do modelo de Rutherford-Bohr ao de Schrödinger, é preciso reinterpretar novamente a dinâmica relativa ao rearranjo da nuvem eletrônica. Mais especificamente, a grandeza v, que representa a velocidade do elétron como partícula massiva e puntiforme no modelo atômico mecanicista, passa a ser reinterpretada como um campo contínuo de velocidades. Considerando inicialmente a massa como mero fator de escala, o gradiente da função escalar *f* resulta proporcional ao campo de velocidades.

Assim f representa, a menos de um fator multiplicativo, o potencial velocidade de um campo de escoamento, variável que surgiu de um princípio puramente mecanicista na seção 10.2.1.

Cabe aqui uma observação. A premissa de que a massa é apenas um fator de escala pode parecer, a princípio, natural. Entretanto, ao recordar que essa grandeza pode ser considerada também uma forma de energia potencial, expressa em termos de um produto escalar, surge uma dúvida razoável. A massa poderia ser melhor descrita como uma função escalar de suporte compacto, já que se origina da norma de um campo vetorial. Além disso, do ponto de vista macroscópico, parece evidente que a massa de uma partícula está confinada em uma região limitada, enquanto uma função constante representa um campo uniforme presente em toda a extensão do espaço. Contudo, é preciso considerar que o produto mv pode ter alcance limitado mesmo que m seja apenas um fator de escala.

Em resumo, as novas informações obtidas reforçam ainda mais a suspeita de que a nuvem eletrônica no modelo atômico de Schrödinger pode ser tratada como um campo de escoamento. Além disso, **a função de onda escalar desempenha um papel análogo ao do potencial velocidade na Mecânica de Fluidos**. Por esta razão, o campo segue um processo evolutivo regido por equações semelhantes ao modelo hidrodinâmico de Helmholtz ou mesmo ao de Navier-Stokes. Na verdade, essa conclusão permanece válida para qualquer modelo quântico. Desde que a eletrosfera seja tratada como um campo contínuo, a conclusão continua sendo válida também para as equações de Dirac e de Lanczos, modelos quânticos relativistas para os quais a função de onda é um quadrivetor. Isto indica que a parte escalar da função de onda deva representar um campo análogo ao do potencial velocidade, enquanto o respectivo trivetor deve fazer o papel da função corrente. Assim, intui-se que o quadrivetor formado pelo potencial e pelo trivetor função corrente deva representar a variável primária nesse escoamento.

Retomando uma discussão iniciada no capítulo 8, na qual se infere que a energia potencial e a massa possam ser expressas como energia cinética encapsulada em forma vorticial, a definição de força a partir da relação de comutação entre a derivada temporal e o operador gradiente poderia sofrer uma alteração significativa. O conteúdo do segundo termo da equação (10.32) seria modificado, a fim de levar em consideração não apenas o gradiente do potencial *V*, mas também de outras formas de energia. Essas formas seriam expressas como produtos escalares entre vetores velocidade. Assim, o gradiente dessa contribuição seria expresso como

$$\partial_t \mathrm{p} = -\nabla\left(\mathrm{V} + \frac{1}{2}\mathrm{u.u}\right). \tag{10.39}$$

Mas a contribuição do gradiente da parcela adicional pode ser facilmente avaliada, utilizando a seguinte identidade vetorial:

$$\nabla\left(\frac{1}{2}\mathrm{u.u}\right) = u.\nabla \mathrm{u} + \mathrm{ux}\left(\nabla \mathrm{xu}\right). \tag{10.40}$$

O primeiro termo no membro esquerdo é justamente a parcela advectiva das equações de Navier-Stokes. O segundo pode ser reescrito, lembrando que o rotacional do vetor velocidade é a vorticidade. Assim, a equação (10.40) resulta

$$\nabla\left(\frac{1}{2}\mathrm{u.u}\right) = u.\nabla \mathrm{u} + \mathrm{ux}\omega. \tag{10.41}$$

Em analogia com o eletromagnetismo, a segunda parcela do membro direito corresponde ao produto vetorial *vxB*, que existe apenas na definição da força de Lorentz, e não na definição de Newtoniana.

Existe ainda um detalhe a esclarecer na nova interpretação do processo de evolução da nuvem eletrônica. A unidade imaginária (i), presente no postulado de Schrödinger, fornece outra informação importante sobre a natureza do modelo hidrodinâmico que rege a evolução temporal da nuvem. A nova informação estabelece de forma mais clara a dinâmica subjacente ao processo de rearranjo da nuvem ao longo de reações químicas. Se fosse necessário formular modelos hidrodinâmicos que permanecessem válidos em qualquer escala de observação, seria também preciso que em seus campos de velocidades figurassem, obrigatoriamente, parcelas reais e imaginárias. Assim, esse modelo hidrodinâmico manifestaria características clássicas em macro escala e quânticas em microescala. Em particular, modelos hidrodinâmicos nos quais as componentes de velocidade possuem parcelas imaginárias são mais completos, por levarem em consideração as interações eletromagnéticas entre as moléculas do fluido considerado. Essas interações dão origem a uma propriedade chamada viscosidade, que é incluída de forma semi-empírica nos modelos convencionais em Mecânica de Fluidos, e que está relacionada com as interações moléculas adjacentes.

A obtenção de um modelo hidrodinâmico que possui essas características é o objetivo do capítulo 11. A fim de introduzir um pré-requisito fundamental para a compreensão do processo de elaboração desse modelo, imagine-se que ao pesquisar soluções exatas para a equação de Burgers, um modelo não-linear em Fenômenos de Transporte, fosse utilizado um recurso analítico motivado pela seguinte constatação prática. Resolver equações diferenciais consiste basicamente em eliminar derivadas, transformando-a em uma forma algébrica. Entretanto, não parece haver um procedimento geral para converter equações diferenciais em algébricas, exceto para casos muito particulares. Apenas para equações diferenciais lineares a coeficientes constantes, podem ser utilizadas transformadas integrais a fim de efetuar essa conversão.

Contudo, é possível reduzir a ordem das equações, o que facilita consideravelmente o processo de obtenção de suas respectivas soluções. Como exemplo, a equação de Burgers, dada por

$$\frac{\partial^2\varphi}{\partial x^2}-\varphi\frac{\partial\varphi}{\partial x}=\frac{\partial\varphi}{\partial t}, \qquad (10.42)$$

pode sofrer redução de ordem, uma vez que seu membro esquerdo pode ser fatorado:

$$\frac{\partial}{\partial x}\left(\frac{\partial\varphi}{\partial x}-\frac{\varphi^2}{2}\right)=\frac{\partial\varphi}{\partial t}. \qquad (10.43)$$

Assim, pode ser produzido o seguinte sistema de equações auxiliares:

$$\frac{\partial\varphi}{\partial x}-\frac{\varphi^2}{2}=Q, \qquad (10.44)$$

$$\frac{\partial\varphi}{\partial t}=\frac{\partial Q}{\partial x}. \qquad (10.45)$$

Neste sistema, embora a derivada segunda tenha sido eliminada, surgiu uma função fonte, que deve obedecer outra equação auxiliar. É preciso então encontrar essa equação, a fim de resolver o sistema obtido. Uma forma de encontrar a equação auxiliar consiste em eliminar as derivadas que figuram no membro esquerdo do sistema. Derivando (10.44) em relação a t e (10.45) em relação a x, e em seguida subtrair as equações resultantes, obtém-se

$$\frac{\partial Q}{\partial t}+\varphi\frac{\partial\varphi}{\partial t}-\frac{\partial^2 Q}{\partial x^2}=0. \qquad (10.46)$$

Usando agora (10.45) para eliminar a derivada temporal de φ, resulta

$$\frac{\partial Q}{\partial t} + \varphi \frac{\partial Q}{\partial x} - \frac{\partial^2 Q}{\partial x^2} = 0 \, . \qquad (10.47)$$

O procedimento empregado para mapear a equação (10.42) no modelo auxiliar (10.47), passando pela forma fatorada de primeira ordem, é utilizado com frequência em outras aplicações em Física. Este é um exemplo das chamadas **Transformações de Bäcklund**, que constitui uma ferramenta fundamental para a resolução de equações diferenciais, bem como um recurso matemático que permite alavancar a capacidade inferencial do leitor. Essas transformações também permitem estabelecer conexões cruciais para a compreensão e integração dos mecanismos subjacentes às reações químicas e nucleares.

No caso específico do estudo proposto, as transformações de Bäcklund resultaram em um modelo auxiliar, associado à equação de Burgers. Esse modelo auxiliar, dado pela equação (10.47), fornece duas novas informações. A primeira revela que é possível construir um método iterativo simbólico para resolver a equação (10.42). Conhecendo previamente qualquer solução não trivial e substituindo em (10.46), pode-se resolver a equação linear resultante com relativa facilidade. Entretanto, a segunda informação é mais importante para aplicações em Química. Note-se que a equação (10.47) é análoga ao modelo de Schrödinger, exceto pela ausência de meros fatores multiplicativos. Basta substituir φ pelo potencial V e Q pela função de onda. Surge então a possibilidade de formular um modelo não-linear a partir do qual é produzida a equação de Schrödinger ou qualquer modelo quântico de segunda ordem no qual figure o produto entre a função de onda e o respectivo potencial de interação.

Neste ponto, a contribuição das ideias apresentadas no capítulo 8 se mostra particularmente útil. Basta recordar o exemplo do automóvel com freio regenerativo mecânico. Nesse exemplo, a energia potencial é interpretada como uma forma confinada de energia cinética. Ao acionar os freios, a energia cinética do carro é convertida em energia de rotação de um volante. Embora a energia de rotação do volante também seja de natureza cinética, pode não ser reconhecida como tal. Além desse argumento, é importante ressaltar que o trivetor de Maxwell pode ser interpretado como um campo bosônico de velocidades. Como consequência, o potencial escalar $A^0 = V$ pode ser considerado uma forma de energia cinética associada ao escoamento de fótons. Neste caso, o modelo hidrodinâmico para a Teoria Eletromagnética seria obtido a partir da força de Lorentz, enquanto o calibre de Lorentz fornece respectiva equação da continuidade.

Retomando novamente a discussão iniciada no capítulo 8, se V pode ser interpretado como uma forma de energia cinética, é possível que o termo de ordem zero no modelo de Schrödinger possa ser expresso como $mV^2/2$. Assim, pode existir um modelo não-linear no qual apenas o potencial está presente. Levando em conta que os termos lineares da equação original não se alteram frente a Transformações de Bäcklund, o novo modelo poderia possuir uma forma semelhante à da própria equação de Schrödinger. Em suma, um candidato a modelo quântico no qual figura apenas o potencial escalar de interação poderia ter, a princípio, a seguinte forma:

$$-\frac{h}{2m}\frac{\partial^2 V}{\partial x^2}+\frac{V^2}{2}=ih\frac{\partial V}{\partial t}. \qquad (10.48)$$

Nessa equação, o termo quadrático não contém a massa como fator multiplicativo, porque o próprio termo relativo à energia cinética figura já dividido por m.

No capítulo 11, a equação (10.48) sofrerá uma fatoração análoga à empregada nesta seção, a fim de verificar sua validade, isto é, se realmente produz o modelo de Schrödinger via Transformações de Bäcklund.

CAPÍTULO 11

MODELOS AUTO CONSISTENTES PARA A SIMULAÇÃO DE REAÇÕES QUÍMICAS

Neste capítulo será deduzida uma equação diferencial parcial não-linear que acopla um modelo quântico à lei de Gauss do eletromagnetismo, a fim de modelar o núcleo e a nuvem eletrônica de forma unificada. Essa abordagem proporciona uma redução considerável no tempo de processamento do respectivo sistema de simulação molecular, porque o número de funções de base utilizadas na formulação é drasticamente reduzido. Além disso, o sistema estima o potencial de interação entre átomos ao invés da função de onda total, o que facilita a interpretação dos resultados obtidos.

11.1 Modelos para potenciais de campo auto consistente

As vantagens do emprego de modelos em quatro dimensões para a Física Quântica levam a considerar a possibilidade de elaborar novos modelos matemáticos. Esses modelos, baseados em novas formas fatoradas da equação de Klein-Gordon, permitem interpretar de forma mais concreta fenômenos considerados previamente contra intuitivos. Além disso, esses sistemas de equações diferenciais de primeira ordem podem ser empregados na elaboração de pacotes computacionais de alto desempenho, capazes de resolver problemas complexos em tempo hábil. Essa necessidade remete a algumas questões de ordem prática, que devem ser esclarecidas de imediato, a fim de estabelecer estratégias viáveis de implementação computacional. Em primeiro lugar, a classe de métodos a empregar deve levar em consideração os sistemas já disponíveis no mercado. Caso o leitor esteja interessado em estimar propriedades moleculares, já existe uma série de excelentes sistemas de simulação capazes de estimar propriedades moleculares em questão de poucos minutos ou até segundos. Os melhores sistemas são baseados na formulação de Kohn-Shan, que utiliza a densidade eletrônica como função incógnita, a fim de resolver modelos relativistas, tais como as equações de Dirac.

Neste ponto, alguns especialistas em Química Quântica poderiam discordar dessa sugestão, alegando que existem muitas formulações baseadas em combinações lineares de orbitais atômicos e moleculares, chamadas LCAO-MO, que podem gerar resultados mais acurados. Entretanto, dependendo do número total de elétrons presentes no sistema reativo, do equipamento utilizado e da linguagem na qual o sistema foi implementado, as formulações do tipo Hartree-Fock-Roothan e similares podem eventualmente tornar o tempo de processamento inviável para alguns cenários específicos. Em particular, para a obtenção de propriedades de moléculas multifuncionais contendo mais de 100 átomos, as formulações LCAO-MO tradicionais podem se tornar computacionalmente onerosas.

Para o leitor interessado em fins educacionais, é recomendável o emprego de métodos inversos em Mecânica Quântica, baseados na prescrição da função de onda e no cálculo do respectivo potencial de interação via derivação. Como exemplo, a equação de Schrödinger dependente do tempo em sua forma unidimensional, definida como

$$-\frac{1}{2}\frac{\partial^2 \varphi}{\partial x^2} + V\varphi = i\frac{\partial \varphi}{\partial t} \tag{11.1}$$

pode ser resolvida para o potencial V, ao arbitrar a função de onda. A praticidade da aplicação dessa estratégia se revela na simplicidade do procedimento correspondente, que consiste apenas em isolar o potencial V na equação (11.1).

Caso o leitor esteja interessado em simular processos reativos, infelizmente ainda não existem sistemas comerciais disponíveis no mercado para esse fim. Este capítulo é dedicado exclusivamente à supressão dessa lacuna de natureza operacional. Será apresentada a seguir uma estratégia para a elaboração de sistemas de simulação, que se revela computacionalmente viável para simular uma série de processos envolvendo reações químicas, planejamento de catalisadores e estudo da interação radiação-matéria.

11.2 O calibre de Lorentz interpretado como uma equação da continuidade para modelos hidrodinâmicos

Quando se escolhe o calibre de Lorentz, isto é, se assume que o potencial de Maxwell obedece à seguinte restrição diferencial:

$$\frac{\partial A^0}{\partial t}+\frac{\partial A^1}{\partial x}+\frac{\partial A^2}{\partial y}+\frac{\partial A^3}{\partial z}=0 \quad . \tag{11.2}$$

Isto equivale a considerar o quadrivetor A como um campo de velocidades que descreve um escoamento compressível. O modelo hidrodinâmico que descreve esse escoamento é a própria definição da Força de Lorentz:

$$m\frac{\partial v}{\partial t}=q\left(-\frac{\partial A^i}{\partial t}-\nabla\chi-v\mathrm{x}\nabla A^i\right). \tag{11.3}$$

Nessa equação, m e q representam, respectivamente, a massa e a carga do elétron, v é a velocidade de escoamento desses elétrons, enquanto o trivetor A é o campo de velocidades fotônico, que não se desloca de forma solidária aos elétrons.

Os capítulos anteriores justificam essa analogia aparentemente ingênua, mostrando que não se trata de mera especulação. Caso o leitor tenha decidido iniciar o estudo pelo capítulo 11, respeito seu pragmatismo, porque revela o interesse pela implementação do modelo e seus respectivos resultados imediatos. Mas se eventualmente discorda da analogia apresentada, apenas por um motivo igualmente imediatista, é recomendável que leia os capítulos 9 e 10, para em seguida reavaliar seu ponto de vista com maior profundidade.

11.3 O potencial de Maxwell e o vetor "posição" do campo fotônico

Uma vez que a equação da continuidade e as leis de conservação podem ser deduzidas a partir da relação de comutação entre a derivada temporal e o operador gradiente, a saber,

$$\left[\frac{\partial}{\partial t}, \nabla .\right] = 0 \quad , \tag{11.4}$$

então deve existir um campo X, relacionado ao potencial de Maxwell pelas seguintes equações auxiliares:

$$\frac{\partial X}{\partial t} = A^i \qquad (11.5)$$

e

$$\nabla.X = -A^0 \quad , \qquad (11.6)$$

Essas equações reduzem o calibre de Lorentz à própria relação de comutação, já que

$$\left[\frac{\partial}{\partial t}, \nabla.\right] X \equiv 0 \quad . \qquad (11.7)$$

Assim, as equações (11.5) e (11.6) são apenas condições de solubilidade para o calibre de Lorentz, dado por (11.1). Como consequência, o campo X e a função de onda devem desempenhar papéis análogos em Eletromagnetismo e Física Quântica. Como o trivetor A é considerado um campo de velocidades fotônico, o campo X é seu respectivo vetor posição. No entanto, esse vetor posição é um campo difuso, uma vez que fótons não podem ser considerados partículas pontuais. Essa característica justifica não só a abordagem probabilística da Física Quântica, mas permite interpretar a regra do acoplamento mínimo como uma consequência natural da interação entre dois campos no Eletromagnetismo: os campos de velocidade relativos ao escoamento dos elétrons e fótons. Note-se que a quantidade de movimento total pode ser expressa em termos das contribuições de ambos os campos de velocidades:

$$p = mv + iqA^k \quad . \qquad (11.8)$$

Nesta equação, o primeiro termo representa a contribuição do movimento dos elétrons, enquanto o segundo a do respectivo campo fotônico.

11.4 O postulado de Schrödinger como condição de solubilidade

Quando as variáveis momento e energia são definidos em termos da função e onda como

$$p = -i\nabla\Psi \quad , \tag{11.9}$$

e

$$E = i\frac{\partial\Psi}{\partial t} \quad . \tag{11.10}$$

essas definições podem ser consideradas como um conjunto de condições de integrabilidade para a equação diferencial que define a força:

$$\frac{\partial \mathrm{p}}{\partial t} = -\nabla E \quad . \tag{11.11}$$

Em certo sentido, (11.11) constitui uma versão da segunda equação de Hamilton da Mecânica Estatística, que remete à mesma relação de comutação responsável pela definição de força.

Uma vez munidos de subsídios mais sólidos sobre leis de conservação e equações dinâmicas, finalmente estamos em posição de encontrar um modelo de campo auto consistente para o potencial escalar de interação (V). Suponha-se que deve haver um operador capaz de mapear o potencial na função de onda correspondente. Além disso, considere-se que o termo de ordem zero nos modelos quânticos, que consiste no produto entre o potencial e a função de onda, deve ser quadrático ou bilinear. Assim, pode-se esperar que um procedimento semelhante ao utilizado na formulação de Zakharov-Shabat para o método do espalhamento inverso possa produzir um modelo quântico a partir de uma equação não-linear, que contenha somente o potencial de interação. Uma forma prática de mapear esta equação não-linear em um modelo quântico consiste em encontrar Transformações de Bäcklund que efetuem esse mapeamento. O emprego dessas transformações pressupõe que existe um operador (*M*) que efetue esse mapeamento, isto é, que

$$MV = \Psi \cdot \tag{11.12}$$

Esta é de fato uma hipótese fraca, considerando que o operador *M* possa conter diversos coeficientes variáveis a determinar.

11.5 Modelos quânticos inerentemente auto consistentes

O estudo dos modelos de campo auto consistentes pode ser iniciado pela análise de uma equação diferencial parcial não-linear de segunda ordem cuja estrutura se assemelha ao modelo de Schrödinger:

$$-\frac{1}{2}\frac{\partial^2 V}{\partial x^2} + \frac{1}{2}V^2 = i\frac{\partial V}{\partial t} \cdot \tag{11.13}$$

Essa equação pode sofrer redução de ordem via transformação de Bäcklund, produzindo o seguinte sistema de equações auxiliares:

$$\frac{\partial V}{\partial x} = \varphi \tag{11.14}$$

$$i\frac{\partial V}{\partial t}=-\frac{1}{2}\frac{\partial \varphi}{\partial x}+\frac{1}{2}V^2 \,. \tag{11.15}$$

De fato, substituindo (11.14) em (11.15) obtém-se (11.13). Impondo a igualdade entre as derivadas cruzadas do potencial, resulta

$$i\frac{\partial^2 V}{\partial x \partial t}=\frac{\partial}{\partial x}\left(-\frac{1}{2}\frac{\partial \varphi}{\partial x}+\frac{1}{2}V^2\right)=i\frac{\partial}{\partial t}(\varphi)\,. \tag{11.16}$$

Aplicando os operadores sobre as expressões entre parênteses, obtém-se

$$-\frac{1}{2}\frac{\partial^2 \varphi}{\partial x^2}+V\frac{\partial V}{\partial x}=i\frac{\partial \varphi}{\partial t}\,. \tag{11.17}$$

Substituindo (11.14) em (11.17), surge naturalmente a própria equação de Schrödinger dependente do tempo:

$$-\frac{1}{2}\frac{\partial^2 \varphi}{\partial x^2}+V\varphi=i\frac{\partial \varphi}{\partial t}\,. \tag{11.18}$$

Esse processo pode ser também aplicado ao modelo bidimensional. Neste caso, o sistema auxiliar resulta

$$\frac{\partial V}{\partial x}+i\frac{\partial V}{\partial y}=\varphi \tag{11.19}$$

$$i\frac{\partial V}{\partial t}=-\frac{1}{2}\left(\frac{\partial \varphi}{\partial x}-i\frac{\partial \varphi}{\partial y}\right)+\frac{1}{2}V^2\,. \tag{11.20}$$

Note-se que, no modelo bidimensional, o operador responsável pelo mapeamento do potencial na função de onda passa a ser definido como

$$L = \frac{\partial}{\partial x} + i\frac{\partial}{\partial y}. \tag{11.21}$$

Assim, a imposição da igualdade

$$i\frac{\partial \varphi}{\partial t} = L\left[-\frac{1}{2}\left(\frac{\partial \varphi}{\partial x} - i\frac{\partial \varphi}{\partial y}\right) + \frac{1}{2}V^2\right] \tag{11.22}$$

produz a equação de Schrödinger dependente do tempo para o caso bidimensional. Essa equação pode ser expressa na forma

$$i\frac{\partial \varphi}{\partial t} = L\left[-\frac{1}{2}M\varphi + \frac{1}{2}V^2\right] \tag{11.23}$$

onde M representa o conjugado do operador L, isto é,

$$M = \frac{\partial}{\partial x} - i\frac{\partial}{\partial y}. \tag{11.24}$$

No respectivo problema unidimensional, L é definido pela derivada em relação a x, de modo que seu conjugado M é igual ao próprio operador. É importante observar que o operador laplaciano, resultante da aplicação de L sobre M, figura tanto na equação de Schrödinger quanto no modelo de Klein-Gordon. Dessa forma, a transformação $LV = \varphi$ permanece válida para ambos os modelos quânticos, podendo ser utilizada para eliminar a função de onda no modelo bosônico correspondente, isto é, nas equações de Maxwell. Uma vez que o mapeamento proposto é escalar, é preciso então estabelecer a consistência entre a relação $LV = \varphi$ e a lei de Gauss do eletromagnetismo:

$$\frac{\partial^2 V}{\partial t^2} - \nabla^2 V = -\rho \cdot \tag{11.25}$$

Como a densidade eletrônica, que figura no membro direito de (11.25) é o produto entre a função de onda e seu complexo conjugado, definido como *MV*, a lei de Gauss se torna um modelo de campo autoconsistente, no qual figura apenas o potencial de interação:

$$\frac{\partial^2 V}{\partial t^2} - MLV = -(ML)(MV) \tag{11.26}$$

11.6 Resolvendo a equação não-linear resultante

A lei de Gauss, dada por

$$\frac{\partial^2 V}{\partial t^2} - \nabla^2 V = -\rho \tag{11.27}$$

pode ser resolvida analiticamente para potenciais independentes do tempo. Inicialmente serão produzidas soluções em regime estacionário, a partir da forma

$$\nabla^2 V = \rho \quad . \tag{11.28}$$

Essa equação de Poisson pode ser facilmente resolvida em variáveis complexas, uma vez expressa na forma fatorada *LMV* = *(LV)(MV)*, onde

$$L = \frac{\partial}{\partial x} + i\frac{\partial}{\partial y} = 2\frac{\partial}{\partial s} \qquad (s=x-iy) \qquad (11.29)$$

e

$$M = \frac{\partial}{\partial x} - i\frac{\partial}{\partial y} = 2\frac{\partial}{\partial r} \qquad (r=x+iy). \qquad (11.30)$$

A equação obtida, expressa como

$$\frac{\partial^2 V}{\partial r \partial s} = \frac{\partial V}{\partial r}\frac{\partial V}{\partial s}. \qquad (11.31)$$

Pode ser resolvida via integração. Dividindo ambos os membros por $\frac{\partial V}{\partial s}$ e integrando em *r*, resulta

$$\ln\left(\frac{\partial V}{\partial s}\right) = V + \ln\left(f'(s)\right) \quad . \qquad (11.32)$$

Nesta equação *f'(s)* é arbitrária. Uma vez que

$$\frac{\partial V}{\partial s} = e^{V+\ln\left(f'(s)\right)} = f'(s)e^{V} \quad , \qquad (11.33)$$

o potencial pode ser calculado ao multiplicar os termos por e^{-V} e integrar em *s*:

$$-e^{-V} = f(s) + g(r). \qquad (11.34)$$

Assim,

$$V = -\ln\left(a(r) + b(s)\right) \quad (11.35)$$

Nessa solução a(r) e b(s) são funções arbitrárias de seus respectivos argumentos. Uma extensão em 4 dimensões para a solução obtida pode ser encontrada ao definir as novas variáveis

$$p = z + t \quad (11.36)$$

e

$$q = z - t \quad (11.37)$$

De fato, a prescrição

$$V = -\ln\left(a(r,p) + b(s,p)\right) \quad (11.38)$$

produz uma solução exata para o modelo transiente (11.27). Essa solução é obtida ao substituir (11.38) em (11.27). Na próxima seção alguns casos particulares dessa solução serão utilizados na obtenção de resultados preliminares, a fim de verificar se mesmo modelos bidimensionais são capazes de estimar mecanismos e produtos para uma reação de adição entre o Potássio e o Flúor, além de um exemplo clássico da química orgânica. Nesse exemplo, a cloração do Benzeno ocorre somente se o sistema químico receber radiação na banda do ultravioleta.

11.7 Resultados preliminares

O modelo não-linear foi implementado no sistema de simulação utilizado para obter os mapas de potencial de interação ao longo das reações químicas abordadas até então neste trabalho. Como exemplo, as figuras 32 a 35 mostram um átomo de Potássio (K), cuja nuvem eletrônica se encontra deslocada para a direita. Essa nuvem está sendo atraída pelo núcleo pouco blindado de um átomo de Flúor (F), que ainda não aparece no gráfico. Em seguida, a nuvem se desloca ainda mais para a direita, sendo que o átomo de Flúor, que a atrai, ainda não aparece. No quadro a seguir (Figura 34), a eletrosfera interna do Flúor começa a surgir do lado direito, e finalmente a ligação iônica entre os átomos se torna consolidada. Naturalmente, o caráter iônico da ligação é ilustrado pela distribuição assimétrica da nuvem, que se encontra deslocada para o átomo de Flúor.

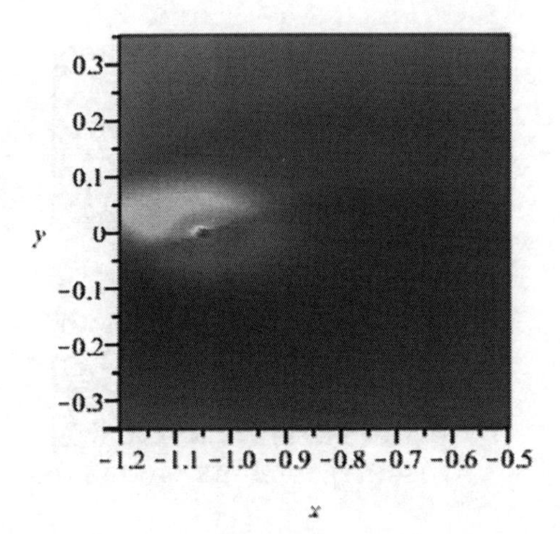

Figura 32: Nuvem eletrônica do átomo de Potássio

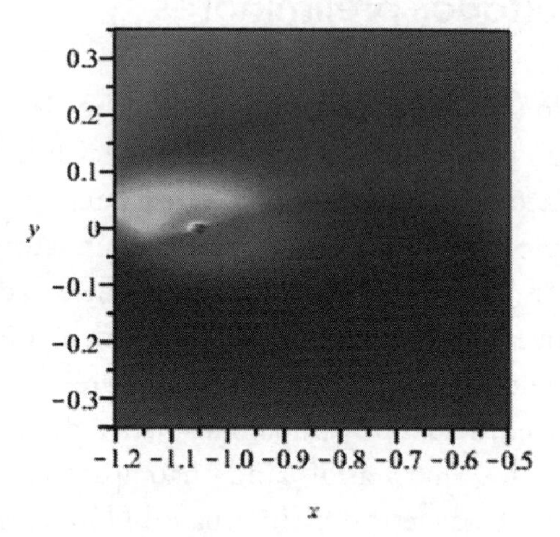

Figura 33: Deslocamento da nuvem para a direita (em direção ao átomo de Flúor)

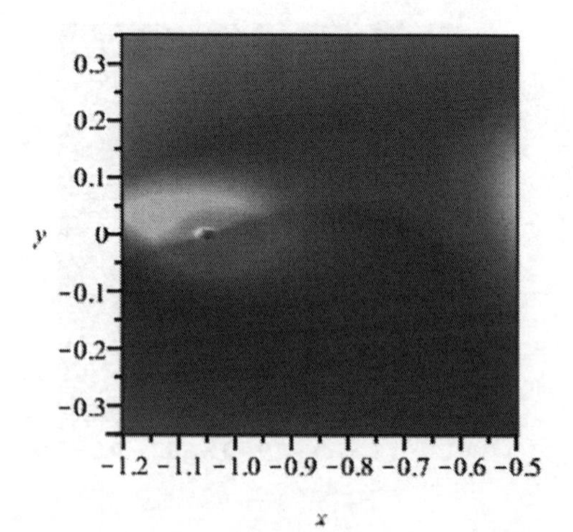

Figura 34: Início da formação da ligação iônica K-F

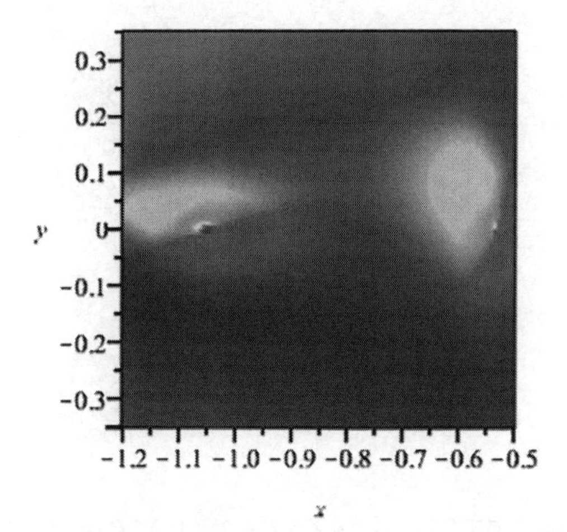

Figura 35: Consolidação da ligação iônica K-F

Embora o exemplo apresentado pareça trivial, não apenas confirma a validade da aproximação de Born-Oppenheimer, mas também ressalta uma importante consequência dessa hipótese simplificativa. **Qualquer reação inicia com a migração de parte da nuvem eletrônica dos átomos cujos núcleos se encontram mais blindados.** A nuvem eletrônica migra na direção dos núcleos cuja blindagem é mais deficiente. Essa migração também ocorre nas reações orgânicas, e define não só o curso inicial do processo reativo, mas também se o mesmo vai realmente ocorrer. No contraexemplo clássico a seguir, dois átomos de Cloro isolados são colocados em posição de ataque a um anel benzênico, como mostra a figura 36.

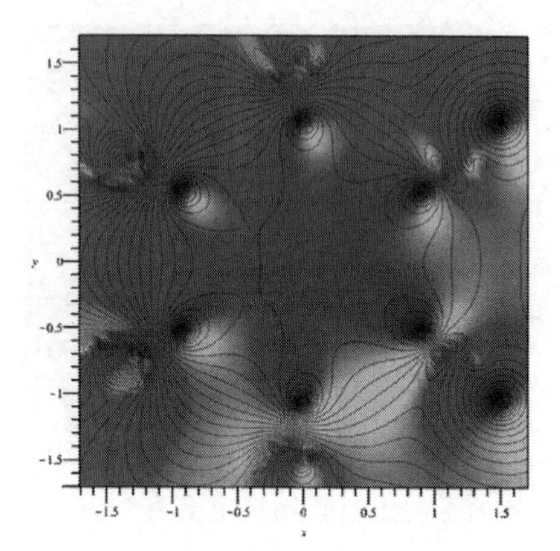

Figura 36: Dois átomos de Cloro em posição de ataque à direita de um anel benzênico

A princípio, seria esperado que os átomos de Cloro, localizados à direita, pudessem promover um ataque junto aos vértices do anel. Entretanto, a figura 37 mostra que tal ataque não ocorre. Os átomos de Cloro passam a se atrair mutuamente, iniciando a formação de uma ligação covalente Cl-Cl, enquanto o anel benzênico começa a retrair localmente sua eletrosfera. Como consequência dessa retração, o anel passa a compartilhar apenas uma nuvem eletrônica pouco densa com a molécula de Cl_2 ainda em formação. Finalmente, a ligação covalente que define a molécula de Cl_2 é consolidada, confirmando que a reação de fato não ocorre. Essa constatação obtida via simulação é corroborada por dados experimentais. A reação entre Cloro e Benzeno só ocorre em presença de radiação ultravioleta, que não foi incluída como parte do potencial de calibre na elaboração do cenário a simular.

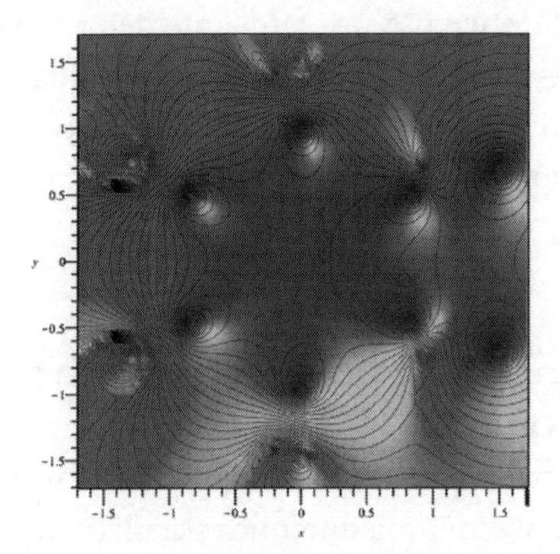

Figura 37: Os átomos de /cloro passam a se aproximar

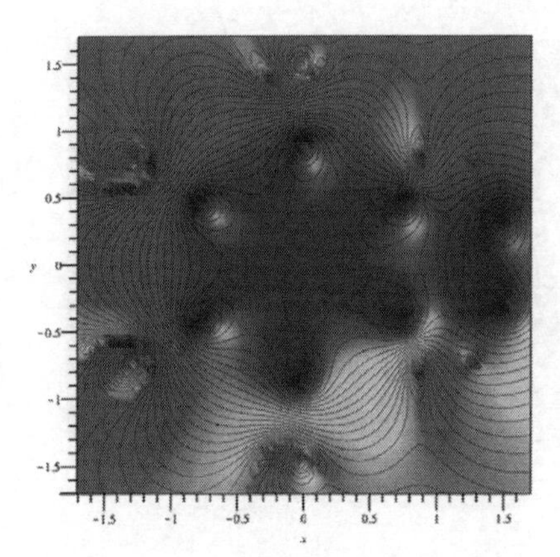

Figura 38: Os átomos de Cloro formam uma ligação covalente, enquanto o anel atrai sua nuvem

Esse contraexemplo elucidativo mostra claramente que a migração inicial da nuvem é um fator que determina o restante do curso do processo reativo. Os desdobramentos da aproximação de Born-Oppenheimer e o efeito do potencial de calibre sobre o processo serão explorados posteriormente em maior nível de detalhe.

11.7.1 Influência da radiação sobre o processo reativo

A reação entre benzeno e cloro, que não ocorre sem a incidência de radiação, possui uma dinâmica peculiar quando uma frente senoidal plana com frequência da ordem do ultravioleta incide sobre o sistema reativo. O estado inicial do sistema, mostrado na figura 39, é semelhante, embora surjam vórtices fotônicos que não existem no contraexemplo mostrado anteriormente.

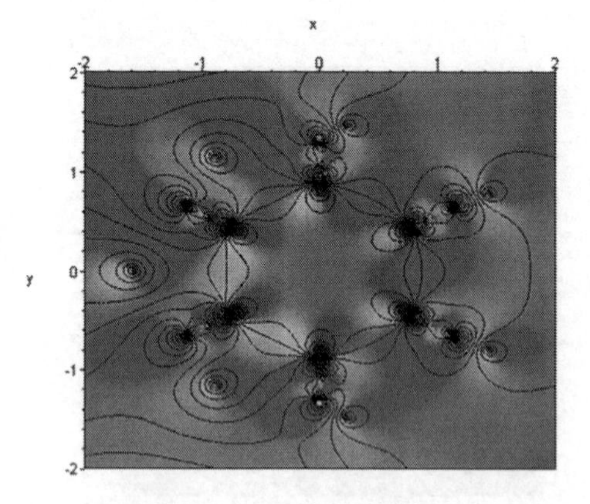

Figura 39: Estado inicial do sistema na presença de radiação

A principal característica desse cenário consiste na forma como o sistema químico evolui. O sistema evolui de forma bastante diferente do que ocorre no contraexemplo, onde os átomos de cloro se aproximavam com o passar do tempo. Como mostrado na figura 40, os átomos de cloro continuam ligados ao anel benzênico, formando um complexo de adição. Esse complexo se consolida ao longo do tempo, como mostra a figura 41. É importante observar que, embora a nuvem eletrônica seja atraída para o interior do anel, os átomos de cloro permanecem quase nas mesmas coordenadas. Isto ocorre porque, apesar do fato de que anel permaneça relativamente estável frente à incidência de radiação ultravioleta, forma-se um poço de potencial levemente mais profundo na figura 41. Esse poço, delimitado pela região em azul claro à direita da figura, denuncia que ocorre outro fenômeno além da formação do complexo de adição. Apesar de a profundidade do poço ser um pouco maior do que nas demais regiões externas ao anel, representadas em verde, sua inclinação local é menor. Isso ocorre porque o número de curvas de nível nessa região é muito pequeno, o que implica que a força atrativa local resulta menor.

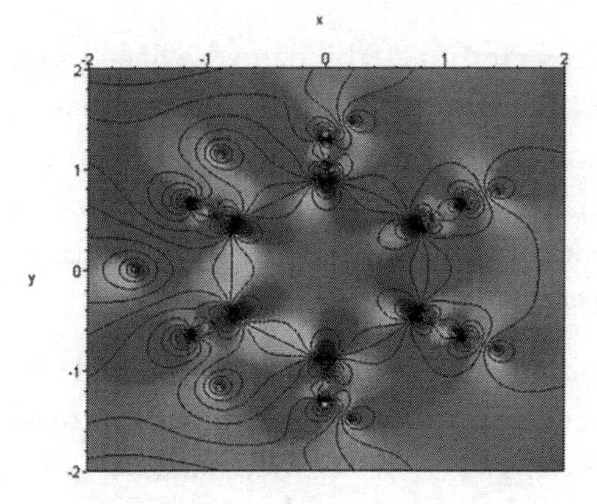

Figura 40: Formação de um complexo de adição

É possível perceber também que existem locais dentro dessa região em azul claro onde o potencial é mais baixo, mas o número de curvas de nível é maior. Nesses locais existem átomos ligados, o que indica que a força atrativa é mais intensa. Essa constatação confirma o fato de que o gradiente de potencial é maior nessas sub-regiões.

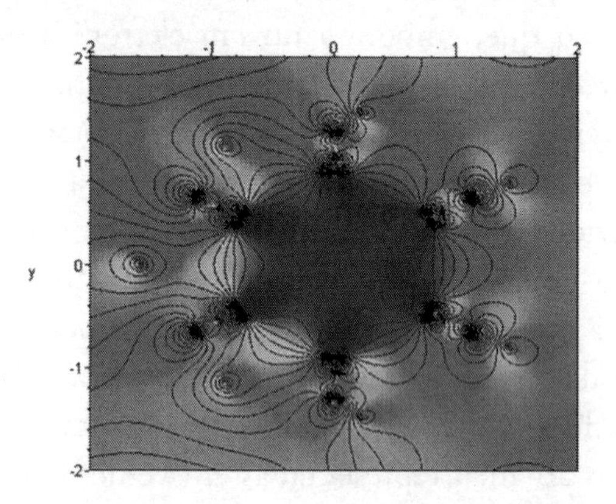

Figura 41: Consolidação do complexo de adição

Assim, para garantir a estabilidade das ligações químicas, não basta que estas estejam localizadas em zonas nas quais o poço de potencial atrativo é maior. É preciso também que os átomos participantes da ligação estejam envolvidos por certo número de isolinhas de potencial. Este segundo fator é visualmente intuitivo, mas não trivial.

É preciso ainda refinar a análise dos mapas de potencial para interpretar a dinâmica das reações de forma adequada. O próximo exemplo torna mais clara essa necessidade.

11.7.1.1 Enfraquecimento e rompimento de ligações

Quando a molécula de benzeno é posicionada junto a um composto de cadeia linear que aproxima um hidrocarboneto insaturado (à direita do anel na figura 42), ocorre um rearranjo no qual os átomos da cadeia linear formam ligações fracas com o benzeno (figuras 42 e 43). Simultaneamente, à formação das ligas, são enfraquecidas as ligas da própria cadeia linear. Ao incidir radiação da banda de UV sobre o sistema, o fenômeno ocorre de forma diferente. As ligações da própria cadeia linear são enfraquecidas quando se formam ligações mais fortes com o anel, indicadas pelo tom mais escuro das ligas laterais nas figuras 44 e 45. É preciso ter em mente que para formar novas ligações é preciso também enfraquecer ou romper as já existentes.

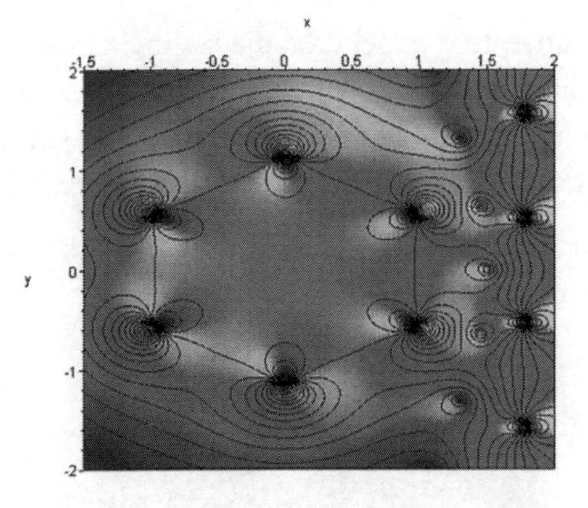

Figura 42: Cadeia linear à direita do anel benzênico

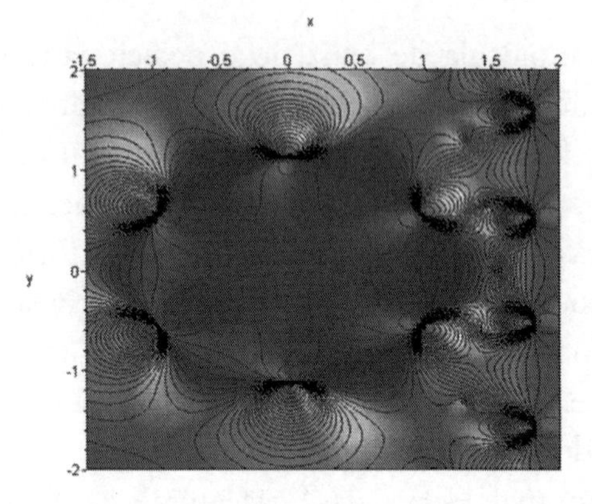

Figura 43: Cadeia linear enfraquecendo e formando novas ligas

Este é justamente o papel da radiação incidente sobre as moléculas do meio. Quanto maior a quantidade de radiação, maior a proporção da nuvem que pode migrar para novos sítios, nos quais a blindagem das cargas nucleares é mais deficiente.

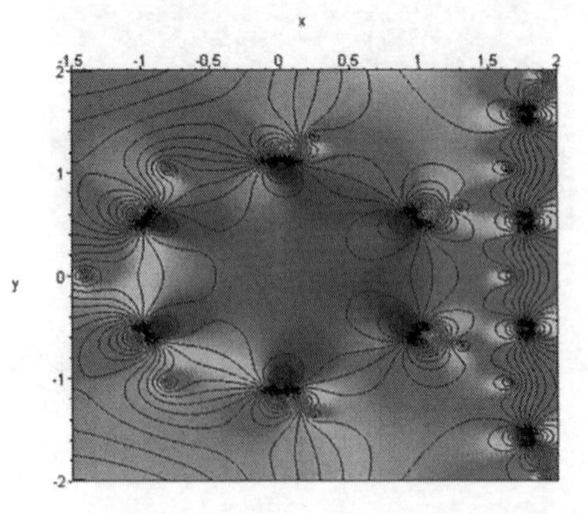

Figura 44: Sistema reativo recebendo radiação

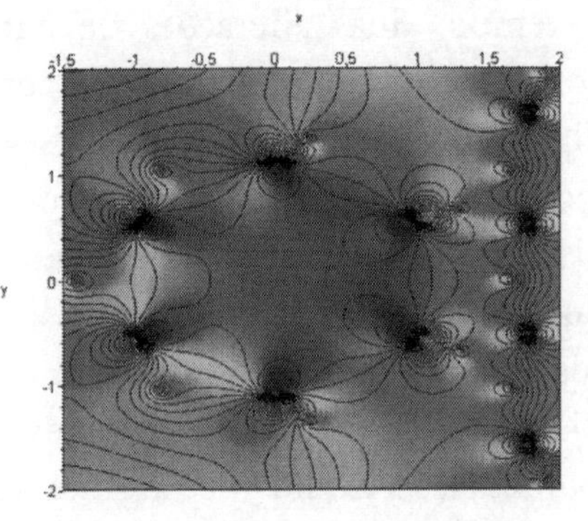

Figura 45: Início da formação das ligas laterais

Note-se que existem quatro lobos em azul escuro partindo da cadeia linear. Esses lobos apontam para a esquerda, formando um poço atrativo bastante profundo. Na figura 46 esses lobos crescem, coalescendo com a região em azul escuro pertencente ao próprio anel benzênico.

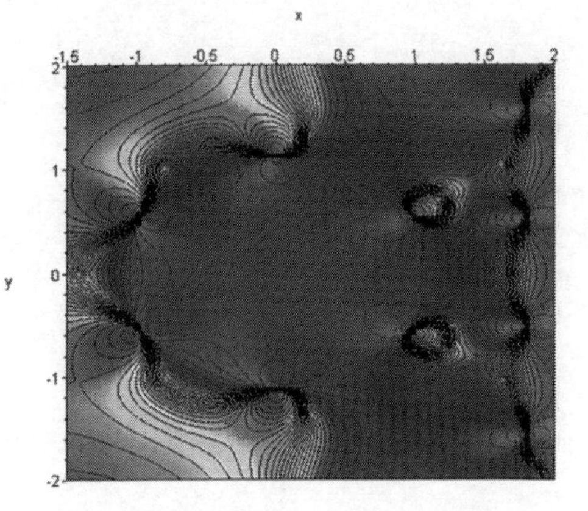

Figura 46: Consolidação das ligas laterais

Dessa forma, conclui-se que a radiação incidente pode efetuar, ao mesmo tempo, duas alterações de natureza bastante distinta sobre a nuvem eletrônica. A primeira consiste no enfraquecimento de ligas já existentes, enquanto a segunda promove a formação de novas ligações. Embora essa conclusão pareça a princípio inconsistente, convém lembrar que, ao incidir sobre os átomos envolvidos na ligação já existente, a radiação torna parte da eletrosfera mais livre dos respectivos núcleos. Uma vez que essa parte da nuvem já não sofre atração intensa dos núcleos participantes da ligação, passa a ser atraída por átomos adjacentes, cujos núcleos apresentam blindagem menos eficiente. Por esse motivo ocorre a migração observada na figura 46.

O sucesso na obtenção de resultados iniciais, consistentes com princípios básicos da Química Orgânica e qualitativamente concordantes com dados experimentais, encoraja a refinar a formulação, produzindo um modelo tridimensional transiente. Este modelo constitui o principal tema do próximo capítulo.

CAPÍTULO 12

REFINAMENTO DO MODELO, LIMITAÇÕES E PERSPECTIVAS

Este capítulo final fornece uma equação em quatérnions complexos, também chamados biquatérnions, que acopla modelos quânticos com as leis de Gauss e Ampère. Esse modelo unifica ainda mais as estruturas da eletrosfera e do núcleo do átomo, através do acoplamento dos operadores vetoriais em uma única estrutura interligada. Nesse modelo, os vórtices tetradimensionais possuem essencialmente o mesmo formato e o mesmo comportamento dos tornados e campos de escoamento descritos no capítulo 9. Além disso, surge uma nova concepção para o potencial de calibre, que integra dois fenômenos cuja relação não foi até então explorada em maior nível de detalhe: o espalhamento de fótons e o rearranjo da nuvem eletrônica durante as reações químicas.

12.1 A formulação em biquatérnions

Até este ponto os operadores L e M foram utilizados para transformar o potencial escalar de interação em sua respectiva função de onda, também escalar, e em seu complexo conjugado. No modelo biquaterniônico o operador composto LM representa o D'Alembertiano, presente tanto na equação de Klein-Gordon quanto nas leis de Gauss e Ampère, quando expressas em termos do potencial de Maxwell (quadrivetor A). A partir de agora, esse potencial será denotado tanto por A e A^{μ} quanto pelo seu equivalente quaterniônico $\left(A^0, A\right)$. Na primeira notação, μ corresponde ao índice das coordenadas t, x, y e z (0,1,2,3), enquanto na segunda o quatérnion é dividido em duas partes: o escalar A^0 e o trivetor *A*. Assim, a notação A para o potencial de Maxwell virá sempre acompanhada do termo trivetor ou quadrivetor, a fim de eliminar essa ambiguidade.

Em quatro dimensões, o potencial de Maxwell é mapeado no quadrivetor de funções de onda pela transformação $\varphi^\mu = LA^\mu$, sendo o operador *L* definido pela derivada biquaterniônica $\left(\partial, i\nabla\right)$. Essa derivada possui uma característica que constitui o fator chave para modelar o núcleo e a eletrosfera como uma única estrutura indissociável. Sua estrutura contém todos os operadores vetoriais acoplados, de modo que as mudanças sofridas pela eletrosfera são sempre acompanhadas de perturbações na estrutura dos núcleos. Quando aplicada sobre o quadrivetor A, a estrutura do campo correspondente resulta

$$\left(\partial, i\nabla\right)\left(A^0, A\right) = \left(\frac{\partial A^0}{\partial t} - i\nabla.\mathrm{A}, \frac{\partial A}{\partial t} + i\nabla A^0 + i\nabla\mathrm{x}\mathrm{A}\right). \qquad (12.1)$$

Assim, o respectivo conjugado MA^μ corresponde a

$$\left(\partial, -i\nabla\right)\left(A^0, A\right) = \left(\frac{\partial A^0}{\partial t} + i\nabla.\mathrm{A}, \frac{\partial A}{\partial t} - i\nabla A^0 - i\nabla\mathrm{x}\mathrm{A}\right). \qquad (12.2)$$

Uma vez que o operador D'Alembertiano pode ser fatorado na forma

$$\frac{\partial^2}{\partial t^2} - \nabla^2 = \left(\partial, i\nabla\right)\left(\partial, -i\nabla\right) = LM, \qquad (12.3)$$

o sistema de quarto equações diferenciais de primeira ordem que representa as Leis de Gauss e de Ampère, dado por

$$\frac{\partial^2 A^\mu}{\partial t^2} - \nabla^2 A^\mu = -j \tag{12.4}$$

pode ser reescrito como

$$LMA^\mu = -\left(LA^\mu\right)\left(MA^\mu\right). \tag{12.5}$$

Nessa equação, o membro direito representa o produto quaterniônico entre o quadrivetor função de onda e seu conjugado, expresso como

$$\left(\varphi^0, \varphi\right)\left(\overline{\varphi}^0, \overline{\varphi}\right) = \left(\varphi^0\overline{\varphi}^0 - \varphi.\overline{\varphi}, \varphi^0\overline{\varphi} + \overline{\varphi}^0\varphi + \varphi \mathrm{x} \overline{\varphi}\right). \tag{12.6}$$

Uma vez que L e M comutam,

$$MLA^\mu = -\left(LA^\mu\right)\left(MA^\mu\right), \tag{12.7}$$

de modo que a equação (12.7) pode ser escrita na forma

$$M\left(\varphi^0, \varphi\right) = -\left(\varphi^0, \varphi\right)\left(\overline{\varphi}^0, \overline{\varphi}\right) \tag{12.8}$$

ou mesmo como

$$L\left(\overline{\varphi}^0, \overline{\varphi}\right) = -\left(\varphi^0, \varphi\right)\left(\overline{\varphi}^0, \overline{\varphi}\right). \tag{12.9}$$

Em ambas as equações o membro direito corresponde ao quadrivetor densidade de corrente (j), presente nas leis de Gauss e Ampère.

12.2 A influência do potencial de calibre na interação radiação-matéria

As propriedades dos operadores L e M permitem obter uma expressão em forma fechada para o potencial de campo auto consistente V=A^0. Como

$$\varphi = LV \,. \tag{12.10}$$

A lei de Gauss pode ser reescrita da seguinte forma:

$$LMV = -\varphi\overline{\varphi} \,. \tag{12.11}$$

Entretanto,

$$MV = \overline{\varphi} \,. \tag{12.12}$$

De modo que a equação (12.1) pode ser expressa como

$$L\overline{\varphi} = -\varphi\overline{\varphi} \,. \tag{12.13}$$

Assim,

$$\varphi = -\text{"}\frac{L\overline{\varphi}}{\overline{\varphi}}\text{"} \quad . \qquad (12.14)$$

Nesta equação, as aspas indicam que essa operação de divisão não pode ser efetuada literalmente, mas apenas de maneira formal, porque não se trata de uma estrutura escalar. Como L é um operador de primeira ordem a coeficientes constantes, pode ser tratado, também formalmente, como uma derivada simples, de modo que

$$\varphi = -\text{"}L(\overline{ln\varphi})\text{"} \quad . \qquad (12.15)$$

Substituindo (12.10) no membro esquerdo de (12.15), obtém-se

$$LV = -\text{"}L(\overline{ln\varphi})\text{"} \quad . \qquad (12.16)$$

Desse modo,

$$V = -\text{"}ln\overline{\varphi}\text{"} + l \qquad (Ll = 0) \quad . \qquad (12.17)$$

Uma vez que L comuta com M, a equação (12.11) pode assumir a forma

$$MLV = -\varphi\overline{\varphi} \qquad (12.18)$$

ou

$$M\varphi = -\varphi\overline{\varphi} \quad . \qquad (12.19)$$

Então,

$$\bar{\varphi} = -"\frac{M\varphi}{\varphi}" = -"M(ln\varphi)" \quad . \qquad (12.20)$$

Usando agora (12.12), a equação (12.20) resulta

$$MV = -"M(ln\varphi)" \quad , \qquad (12.21)$$

Assim,

$$V = -"ln\varphi" + m \qquad (Mm = 0) \quad . \qquad (12.22)$$

Nas equações (12.17) e (12.22) as funções *l* e *m* são potenciais de calibre que especificam o espectro da radiação envoltória, que interage com o meio material. No caso tetradimensional, essas funções já não mais pertencem ao espaço nulo do operador Laplaciano. Resolvendo (12.22) para a função de onda e (12.17) para seu complexo conjugado, são obtidas as relações:

$$\varphi = "e^{m-V}" \qquad (Mm = 0) \qquad (12.23)$$

e

$$\bar{\varphi} = "e^{l-V}" \qquad (Ll = 0) \qquad (12.24)$$

Nesta equação, as aspas passam a representar um mnemônico que chama a atenção para o seguinte fato. Uma vez que a partir da equação (12.14) a manipulação foi efetuada formalmente, é preciso utilizar as definições biquaterniônicas para as funções exponencial e logaritmo natural, que figuram nas equações resultantes, para fins de implementação computacional. A partir deste ponto, as aspas podem passar a ser omitidas.

Antes de interpretar esses resultados, é conveniente utilizar (12.10) e (12.12) para eliminar a função de onda dessas equações:

$$LV = e^{m-V} \quad . \tag{12.25}$$

$$MV = e^{l-V} . \tag{12.26}$$

Mas L e M podem ser expressos em termos das variáveis quaterniônicas r e s:

$$L = 4\frac{\partial}{\partial s} \qquad (s = t + ix + jy + kz) \tag{12.27}$$

$$M = 4\frac{\partial}{\partial r} \qquad (r = t - ix - jy - kz) \tag{12.28}$$

Consequentemente, as equações (12.15) e (12.27) podem ser reescritas, respectivamente, como

$$4\frac{\partial}{\partial s}V = e^{m-V} \tag{12.29}$$

e

$$4\frac{\partial}{\partial r}V = e^{l-V} . \tag{12.30}$$

Rearranjando termos, resulta

$$e^{V}\frac{\partial}{\partial s}V = \frac{1}{2}e^{m} \tag{12.31}$$

e

$$e^{V}\frac{\partial}{\partial r}V = \frac{1}{2}e^{l} \quad . \tag{12.32}$$

Novamente a manipulação efetuada foi meramente formal. Como $Ll = Mm = 0$, l é uma função arbitrária de r, enquanto m é uma função arbitrária de s. Assim, integrando (12.31) em relação a s, obtém-se

$$e^{V} = \frac{1}{2}\int e^{m(s)}ds + a(r) \quad . \tag{12.33}$$

De forma análoga, integrando (12.32) em relação a r, surge uma definição equivalente para V:

$$e^{V} = \frac{1}{2}\int e^{l(r)}dr + b(s) \quad . \tag{12.34}$$

Nessas equações, $a(r)$ e $b(s)$ são funções arbitrárias de seus argumentos. Uma vez que ambas as definições para o potencial devem resultar idênticas,

$$\frac{1}{2}\int e^{m(s)}ds = b(s) \tag{12.35}$$

e

$$\frac{1}{2}\int e^{l(r)}dr = a(r) \quad . \tag{12.36}$$

Finalmente, a solução geral da lei de Gauss-Ampère para o potencial,

$$V = \ln\big(a(r) + b(s)\big) \quad , \tag{12.37}$$

surge como uma generalização em biquatérnions da solução escalar (11.37). A função de onda correspondente é facilmente obtida ao substituir o resultado em (12.37):

$$\varphi = e^{m-\ln(a(r)+b(s))} \quad . \qquad (12.38)$$

Mas a função m(s) pode ser definida em termos de b(s), fazendo uso da equação (12.35):

$$m = \ln\left(2\frac{\partial b}{\partial s}\right) \quad . \qquad (12.39)$$

Então,

$$\varphi = \frac{2}{a+b}\frac{\partial b}{\partial s} \quad . \qquad (12.40)$$

De forma similar,

$$\bar{\varphi} = \frac{2}{a+b}\frac{\partial a}{\partial r}. \qquad (12.41)$$

Considerando que nessas equações *a(r,t)* e *b(r,t)* são funções arbitrárias de argumentos biquaterniônicos, o espaço de soluções é muito amplo, de forma que a representação dos estados iniciais pode se tornar bastante detalhada. Além disso, a forma das soluções utilizadas para produzir os resultados preliminares consiste em apenas três tipos de representações bidimensionais. Para cadeias cíclicas, a forma das soluções consiste em funções racionais de variável complexa, dadas por

$$V = \frac{c_0}{s^n + c_1} \quad . \qquad (12.42)$$

Nessa equação, $s = x - iy$ e n é o número de átomos da cadeia cíclica regular. Para cadeias lineares são empregadas sigmoides em variável complexa, definidas como

$$V = \frac{c_0}{1 + c_1 e^{c_2 s + c3}} \quad . \tag{12.43}$$

Finalmente, para representar o potencial de calibre, são usadas funções oscilantes, tais como

$$V = c_0 \, sen(c_1 r + c_2) \quad , \tag{12.44}$$

onde $r = x + iy$. Em todos os três casos, as constantes arbitrárias são especificadas apenas para tornar os mapas de potencial qualitativamente compatíveis com a largura e a profundidade dos poços correspondentes. Em geral, essas representações constituem apenas aproximações, concebidas com a intenção de verificar se existe grande sensibilidade às condições iniciais. Essa grande sensibilidade não foi verificada na prática, ao menos do ponto de vista qualitativo. Deste ponto de vista, as principais informações a extrair do mapa de potencial são oriundas do formato e da densidade das isolinhas, bem como das cores que representam a amplitude local de V. Essas informações visam identificar a formação e o reforço de ligações já existentes, bem como o enfraquecimento e o rompimento dessas ligas durante o processo reativo. Assim, espera-se que representações mais precisas do estado inicial do sistema reativo possam produzir resultados ainda mais concordantes com dados experimentais.

12.3 Dúvidas que norteiam a pesquisa de novos modelos

Assim como os resultados preliminares encorajam a seguir na elaboração de novas formulações não-lineares em Física Quântica, existem ao menos duas dúvidas bastante desmotivadoras que antes precisam ser esclarecidas. A primeira diz respeito ao potencial de calibre, utilizado para emular a presença de radiação no meio reativo. Não se sabe ao certo se o calibre de Lorentz é suficientemente realista para descrever com fidelidade o processo de interação entre radiação e matéria. Mas a segunda dúvida é ainda mais desencorajadora. Sabendo que o conjunto de soluções implícitas de uma equação diferencial é muito mais amplo do que o das respectivas formas explícitas, não existe qualquer garantia concreta de que as formas fechadas reproduzam detalhadamente o comportamento do sistema reativo. A fim de esclarecer esse ponto, imagine-se que uma equação diferencial admita certas soluções implícitas de grande interesse prático. Essa solução poderia ser expressa na forma de uma equação algébrica, tal como

$$u(x,t,f)=0 \quad . \qquad (12.45)$$

Neste caso, a função incógnita f dependeria dos argumentos x e t, sendo u a função que determina a forma da solução implícita. Consequentemente, a partir da equação diferencial de interesse, poderia ser concebida uma nova equação parcial cuja função incógnita seria $u(x, t, f)$. Isto implica o surgimento de uma séria questão ainda não explorada, cuja importância será elucidada a seguir. Derivando (12.45) em relação às variáveis independentes originais, resultam duas equações de primeira ordem:

$$\frac{\partial u}{\partial x}+\frac{\partial u}{\partial f}\frac{\partial f}{\partial x}=0 \qquad \text{e} \tag{12.46}$$

$$\frac{\partial u}{\partial t}+\frac{\partial u}{\partial f}\frac{\partial f}{\partial t}=0 \quad . \tag{12.47}$$

A partir dessas equações, produzidas via derivadas materiais, podem ser obtidas as derivadas parciais de *f* em relação a ambos os argumentos:

$$\frac{\partial f}{\partial x}=-\frac{\dfrac{\partial u}{\partial x}}{\dfrac{\partial u}{\partial f}} \tag{12.48}$$

$$\frac{\partial f}{\partial t}=-\frac{\dfrac{\partial u}{\partial t}}{\dfrac{\partial u}{\partial f}}. \tag{12.49}$$

Derivando novamente essas expressões, a fim de obter as respectivas derivadas parciais de segunda ordem, seriam produzidos termos não-lineares em *u*. Assim, ao substituir todas as derivadas parciais de f na equação alvo em sua forma original, **resultaria um novo modelo não linear na função u, mesmo que a equação original fosse linear**. Soluções explícitas dessa equação poderiam resultar em equações algébricas não-lineares para *f*. Essas soluções implícitas poderiam eventualmente fornecer novas informações mais profundas sobre a dinâmica dos sistemas em microescala. Entretanto, o preço a pagar poderia resultar, a princípio, extremamente alto. Em face dessa dúvida, é conveniente elaborar novos métodos para a obtenção de soluções de equações diferenciais não-lineares, que poderiam consistir em extensões das simetrias de Lie e das Transformações de Bäcklund. É possível que se torne necessário explorar em maior detalhe as formulações em geometria diferencial, tal como as formas de Cartan. A partir de agora, nosso trabalho segue nessa direção. Existem vários indícios de que novos recursos em processamento simbólico se tornem necessários para a obtenção de novas soluções, que descrevam cenários físicos progressivamente mais realistas. As soluções implícitas certamente apresentarão simetrias ainda não manifestas pelas soluções explícitas correspondentes. Além disso, os efeitos Stark, Zeeman e Zeeman anômalo poderiam eventualmente ser gerados de forma natural a partir dessas novas formulações. Finalmente, se abre também a perspectiva de refinar ainda mais esses modelos auxiliares. Supondo que mesmo a equação diferencial em u não fosse capaz de reproduzir a riqueza fenomenológica de diversos fenômenos naturais, poderia ser elaborada outra equação diferencial ainda mais abrangente, introduzindo uma nova função incógnita $v(x, t, f, u)$. A formulação da equação resultante seguiria a mesma linha de raciocínio, na qual as derivadas parciais de u em relação a x, t e f seriam obtidas a partir da derivação da equação algébrica $v(x, t, f, u) = 0$. Nesse processo surgiriam novas derivadas materiais, e consequentemente novas não-linearidades que não seriam manifestas no modelo anterior. Essa 'hierarquia' de equações poderia produzir soluções com diferentes graus de implicitude.

BIBLIOGRAFIA CONSULTADA

[1] Zabadal, J., Ribeiro, V. Fenômenos de Transporte: fundamentos e métodos – Cengage Learning, S. Paulo (2016).

[2] M. K.-H. Kiessling, A. Shadi Tahvildar. A novel quantum-mechanical interpretation of the Dirac equation. http://arxiv.org/abs/1411.2296 (Mat-Ph) 20/5/2015.

[3] Bodmann, B. E. J., Zabadal, J. R. S., Schuck Jr, A., Vilhena, M. T. M. B. On coherent structures from a diffusion alike model. In: International Conference on Integral Methods in Science and Engineering (12. – 2012 July 23-27 – Bento Gonçalves, RS). Book of abstracts, p. 25.

[4] J. R. Zabadal, B. Bodmann, V. G. Ribeiro, A. Silveira, S. Silveira. Bäcklund transformations – a Link Between Diffusion Models and Hydrodynamic Equations – Computational Methods in Engineering and Science (CMES), v. 103, n. 4 (2014), pp. 215-227 – Tech Science Press.

[5] Vinicius G. Ribeiro, Jorge Zabadal, Cíntia O. Monticelli, Volnei Borges. Estimating heat transfer coefficients for solid–gas interfaces using the Landau–Teller model – Applied Mathematics and Computation, v301, pp. 135-139 (Elsevier, 2017).

[6] Zabadal, J. Vilhena, M. An analytical approach to evaluate the photon total cross-section. In: Il Nuovo cimento della società italiana di fisica. Bologna Vol. 115, n. 5 (2000), p. 493-499.

[7] Zabadal, Jorge; Staudt, Ederson; Ribeiro, Vinicius; Petersen, Claudio Z.; Schramm, Marcelo. A Quantum Toy-Model for Inelastic Scattering and Catalysis Based on Bäcklund Transformations. OPEN ACCESS LIBRARY JOURNAL, v. 09, p. 1-17, 2022. DOI: 10.4236/oalib.1108659

APÊNDICE A

A FUNÇÃO CORRENTE

As noções de função corrente e quantidade conservada podem ser facilmente compreendidas a partir de um exemplo cujo apelo à intuição geométrica é imediato [1]. Esse exemplo foi retirado do livro Fenômenos de Transporte – fundamentos e métodos (dos próprios autores). Suponha-se que fosse necessário construir uma série de estradas planas ligando diversas cidades através de um terreno montanhoso. Mais especificamente, os automóveis que percorressem essas pistas não precisariam subir ou descer ladeiras ao longo do caminho. Assim, a cota de cada estrada permaneceria constante, como mostra a figura 47, coincidindo com alguma das curvas de nível desse terreno acidentado.

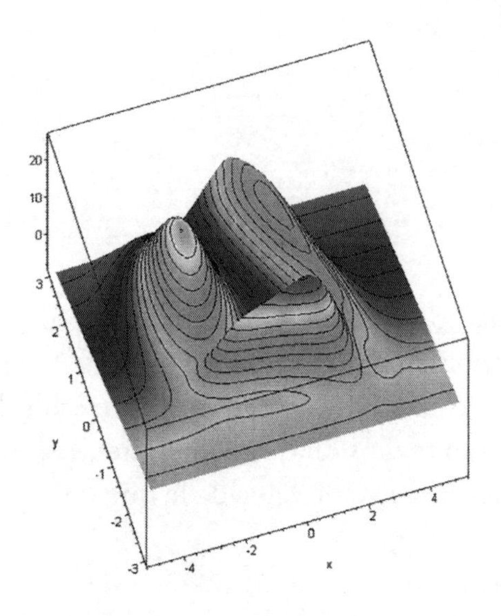

Figura 47: Terreno irregular e suas curvas de nível

Isto significa que, ao utilizar qualquer dessas estradas para percorrer o terreno cuja topografia é descrita por uma função $z(x, y)$, cada carro percorre um caminho que contorna as montanhas e depressões, preservando o valor numérico da cota z. Esse caminho obedece à equação $z(x, y)$ = constante ou, de forma equivalente, $dz = 0$. Uma vez que z depende das coordenadas x e y, essa equação pode ser expressa como

$$\frac{\partial z}{\partial x}dx + \frac{\partial z}{\partial y}dy = 0 \,. \qquad \text{(A.1)}$$

Essa equação informa que a proporção entre pequenos passos dados em x e y para contornar as montanhas depende da inclinação local do terreno nessas direções. Dividindo a equação (A.1) pelo intervalo de tempo transcorrido para percorrer um passo infinitesimal na direção para a qual a cota z não varia, resulta

$$\frac{\partial z}{\partial x}\frac{dx}{dt} + \frac{\partial z}{\partial y}\frac{dy}{dt} = 0 \qquad \text{(A.2)}$$

ou

$$u\frac{\partial z}{\partial x} + v\frac{\partial z}{\partial y} = 0 \quad . \qquad \text{(A.3)}$$

Nessa equação, $u=dx/dt$ e $v=dy/dt$ representam, respectivamente, as componentes do vetor que mede localmente velocidade do automóvel ao percorrer cada pequeno trecho da pista. Existem, portanto, ao menos duas relações diretas entre a função z e as componentes desse vetor velocidade que satisfazem à equação $(A.3)$:

$$u = -\frac{\partial z}{\partial y} \quad , \quad v = \frac{\partial z}{\partial x} \tag{A.4}$$

e

$$u = \frac{\partial z}{\partial y} \quad , \quad v = -\frac{\partial z}{\partial x} \ . \tag{A.5}$$

Quando a equação (A.5) é escolhida para satisfazer ($A.3$), z é denominada função corrente, uma superfície que descreve a topografia de um terreno irregular, sendo suas derivadas associadas às componentes da velocidade com a qual são percorridas suas curvas de nível. Essas equações podem ser interpretadas em microescala, de uma forma bastante simples. Suponha-se que os automóveis sejam substituídos pelas moléculas de um determinado líquido. Neste caso, as estradas passam a representar suas respectivas trajetórias ao longo de um campo de escoamento. Em outras palavras, essas curvas de nível são interpretadas como linhas de fluxo [1], uma vez que consistem em trajetórias percorridas pelas moléculas do fluido.

Considerando agora que a mesma figura descreve um cenário microscópico, os pontos críticos da superfície (máximos e mínimos locais), podem ser interpretados como os núcleos dos átomos. Seus contornos adjacentes, representados pelas curvas fechadas concêntricas, fazem o papel de nuvens eletrônicas. Assim, os átomos podem ser interpretados como obstáculos a um escoamento potencial. Esses corpos submersos (átomos) podem ser melhor identificados em uma vista de topo da superfície (figura 48).

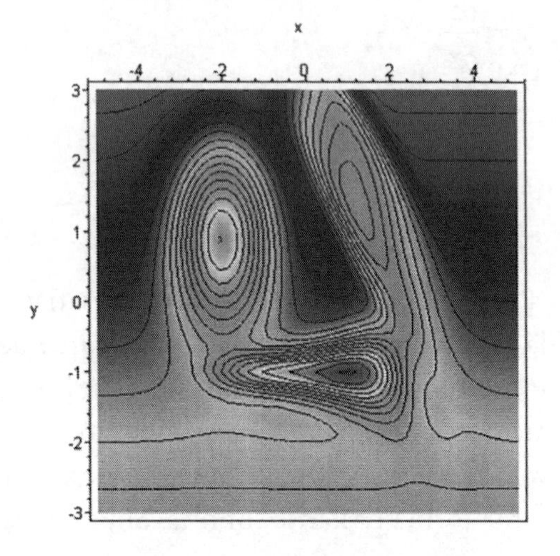

Figura 48: Vista superior da superfície, onde as curvas de nível representam linhas de fluxo

Retornando ao modelo hidrodinâmico, a partir das relações entre a função corrente e as componentes da velocidade, definidas como

$$u = \frac{\partial \varphi}{\partial y} \quad , \quad v = -\frac{\partial \varphi}{\partial x} \tag{A.6}$$

surge uma lei de conservação chamada equação da continuidade para fluidos incompressíveis. Derivando a primeira relação em x, a segunda em y e somando as expressões resultantes, obtém-se

$$\frac{\partial u}{\partial x} + \frac{\partial v}{\partial y} = -\frac{\partial^2 \varphi}{\partial x \partial y} + \frac{\partial^2 \varphi}{\partial y \partial x} = 0 \quad . \tag{A.7}$$

Considerando que no estado líquido as moléculas estão muito próximas, a frenagem de uma delas na direção x provoca a "expulsão" de uma molécula à montante na direção y. Assim, a equação $(A.7)$ estabelece que, se uma área retangular contendo certo número de moléculas é contraída na direção x, deve ser expandida na direção y para permanecer contendo o mesmo número de moléculas. Neste exemplo específico, a contração é provocada pela frenagem da molécula localizada à jusante. De forma equivalente, se essa área retangular não fosse fechada, mas delimitada apenas por linhas imaginárias, o número de moléculas que entrariam nessa região deveria ser igual ao número de moléculas que sairiam, de modo que o número total de moléculas contido na região permaneceria inalterado. Essa interpretação é associada a um balanço de massa.

Em ambas as interpretações (em diferentes escalas) o conceito de fluido incompressível surge de forma intuitiva. Caso o fluido em questão fosse um gás, haveria a possibilidade de aproximar as moléculas ao comprimir a região. Dessa forma, após a compressão, uma menor área poderia passar a conter o mesmo número de moléculas. Consequentemente, a densidade local do fluido poderia sofrer uma alteração ao longo do intervalo de tempo no qual a região sofreria compressão, em virtude da frenagem. Dependendo da distância entre as moléculas e da extensão desse intervalo de tempo, a frenagem poderia ser acompanhada simultaneamente de expulsão e compressão. Dessa forma, a equação da continuidade para gases deveria conter um termo extra, levando em conta as possíveis variações temporais da densidade, provocadas pela compressão do gás:

$$\frac{\partial \rho}{\partial t}+\frac{\partial u}{\partial x}+\frac{\partial v}{\partial y}=0 \quad . \qquad (A.8)$$

Nesta lei de conservação, chamada equação da continuidade para fluidos compressíveis, representa a densidade local do gás.

ÍNDICE REMISSIVO